大连市非物质文化遗产保护系列丛书

郑晓丽 主编

大连制盐技艺

大连理工大学出版社

图书在版编目（CIP）数据

大连制盐技艺 / 郑晓丽主编 . — 大连 : 大连理工大学出版社 , 2022.9
（大连市非物质文化遗产保护系列丛书）
ISBN 978-7-5685-3820-6

Ⅰ . ①大… Ⅱ . ①郑… Ⅲ . ①制盐－手工艺－介绍－大连 Ⅳ . ① TS3

中国版本图书馆 CIP 数据核字 (2022) 第 081226 号

大连制盐技艺
DALIAN ZHIYAN JIYI

大连理工大学出版社出版
地址：大连市软件园路 80 号　邮政编码：116023
发行：0411-84708842　传真：0411-84701466　邮购：0411-84708943
E-mail:dutp@dutp.cn　URL:http://dutp.dlut.edu.cn
大连图腾彩色印刷有限公司印刷　　大连理工大学出版社发行

幅面尺寸：185mm × 255mm　印张：10　字数：160 千字
2022 年 9 月第 1 版　　2022 年 9 月第 1 次印刷

责任编辑：董歅菲　　责任校对：陈　玫
封面设计：琥珀视觉

ISBN 978-7-5685-3820-6　　定　价：88.00 元

编委会

主　　编：郑晓丽

副 主 编：冷小严　李宏声

统　　筹：厉焕策

执行主编：孔庆印　李　灿

本册作者：李　勇　战福东　曹庆福

图片摄影：大连盐化集团提供

编　　委：高　威　葛运峰　顾　媛　郭　静

（按姓氏音序排列）　刘长锁　刘洪琪　刘永凯　孙　恺

王　珊　邢　易　张　智

组织编写单位

大连市非物质文化遗产保护中心

前　言

　　盐是国计民生不可或缺的宝贵资源。盐之于人类，既是维系生命的重要物质，又是满足味觉需要的调味品，有"百味之王"的美誉。盐之于国家，是税收的重要来源，古时候就有"天下之赋，盐利居半"之说。同时，盐还与国家的安危息息相关，古今中外，因盐发生的战争层出不穷。随着人类文明的进步与发展，如今盐无处不在，已在工业、农业、国防、医药等社会生活的各个方面扮演着重要角色。

　　大连特殊的气候条件、优越的土壤结构、绵长的海岸线，使得大连自古以来就是我国海盐的主要产区之一。早在春秋时期，大连地区就有生产海盐的文字记载，只不过最初的制盐方式同全国生产海盐的其他地方一样，采用的是"煮海为盐"的技艺。这种技艺虽然十分落后，但受当时人们的认知水平所限，一直延续了千年。1726 年，大连盐区发明了"天日晒盐"法，从此改变了"煮海为盐"产量低、质量劣、费用高、劳动苦的局面，这种技艺的改变具有革命性意义。

　　2009 年，大连制盐技艺被列入大连市非物质文化遗产代表作名录。为展现大连制盐技艺的保护成果，我们将大连制盐技艺的历史沿革、发展脉络、工艺流程、技艺传承等内容进行了梳理，撰写出版了"大连市非物质文化遗产保护系列丛书"——《大连制盐技艺》，以飨读者。

编　者
2022 年 6 月

02

目 录 Contents

大连制盐技艺

大连制盐技艺

第一部分

概述

大连制盐历史源远流长，早在春秋时期管仲的《管子·地数》中便有"齐有渠展之盐，燕有辽东（今辽宁省东南部）之煮"的记载。《东三省盐法新志·运销篇》曾这样记载：奉天滨海地皆盐，吉、黑各城，蒙古，热河皆食奉盐，其中提到的"奉盐"又以"复盐"（今大连复州湾产的盐）居多，说明大连地区历史上就是我国重要的海盐产区之一。

自古以来，盐是国计民生的宝贵资源，在国家的税收中占据着举足轻重的位置，历史上因盐而起的战争在国内外发生过许多，盐的重要性可见一斑。

在中国历史上，历朝历代都重视大连制盐产业的发展。在盐的管理上，古时大连地区设置盐官、组建机构，盐的管理权牢牢控制在统治者的手中，实行垄断经营；在盐的开发上，实施了前所未有的移民举措。如西汉时期，汉武帝把齐鲁郡县的百姓移于辽东，并在辽东平郭县（今盖州附近）设盐官管理盐务。辽建国之后，加大了移民规模，把北方地区的一部分汉人、女真人迁至今瓦房店地区，建立了州治，称扶州（1031年改称为复州）；把今抚顺新宾满族自治县苏子河一带的居民迁至金州一带建立州；1051

年，把俘获的西夏（今银川市）10万居民迁至今大连甘井子区大连湾镇、毛茔子村一带定居，这种大规模地以"州"建制的移民活动，在中国历史上并不多见。元朝时期，仅元世祖忽必烈就先后四次向大连地区派遣屯田军户，总数达3 640户，加之眷属，总人口约为15万人，均为军队编制。这些人战时为兵，平时为民，在这里或屯田或制盐，这种"军户移民"政策开启了中国历史上"屯垦戍边，亦兵亦农"之先河。明朝时期，延续了元朝的"军户移民"政策，至明朝中期，向大连地区移民20万之众，有力地推动了大连农业、盐业、商业、手工业的发展。清顺治十年（1653年）颁布了《辽东招民垦荒条例》（简称《条例》），《条例》对移民十分优惠，规定："辽东招民开垦至百名者，文授知县，武授守备；六十名以上者，文授州同州判，武授千总。"同时，京城八旗兵员和长白山八旗居民分拨到大连地区戍边，享有比普通移民还要优惠的政策，至清乾隆四十六年（1781年），共计向大连地区移民约12万人。移居于此的人们在这里授田耕织、屯滩制盐、繁衍生息。大连盐业就是这样逐步发展起来的。

大连盐业最初的制盐方式是"煮盐"，即"煮海为盐"。这种制盐方式就是把一种口径小、腹部大，用陶瓷制成的"盔形器"（或陶罐）放在灶台上，一边加火，一边添加海水，海水在蒸发中先成卤后成盐。每只"盔形器"一次可煮六七斤盐。明朝时期，辽东十二个盐场出现了有组织的制盐团队，如明洪武十四年（1381年），在复州湾金城村四周修建了石墙，取名"盐场堡"，设"盐百户"和

"煎盐军"，在金州卫盐场设"百户所"，在貔子窝（今皮口）、归服堡（今城子坦）也设有类似机构。明朝时期，不再使用"盔形器"煮盐，而是改为铁制"大盘"煮盐，产量远高于"盔形器"煮盐。但不管是用"盔形器"还是铁制"大盘"煮盐，这种制盐技艺十分落后，不仅产量低，满足不了社会需求，而且盐民劳作之苦也难以名状。清代诗人吴嘉纪有过在盐场生活的经历，他写的一首《绝句》是这样说的："白头灶户低草房，六月煎盐烈火旁。

▲古时煮盐器具——盔形器

▲复州湾金城村"盐场堡"遗址

走出门前炎日里，偷闲一刻是乘凉。"诗中所描述的就是当时盐民生活的真实写照。

清雍正四年（1726年），从山东逃难到大连复州湾南海头的一个叫刘官的人，在当地发现了"天日晒盐"法，结束了大连及东北地区"煮海为盐"的历史。所谓"天日晒盐"法，通俗地讲，就是把海水引到池内，经风吹日晒让海水蒸发浓缩成饱和卤水后析出海盐的方法。这种充分利用大自然，以风为动力、把太阳当能源、变海水为海盐的制盐技艺，既绿色环保，又经济实用，还最大限度地提高了盐的产量和质量，被世界广泛采用，且一直传承至今。今天的海盐生产，虽然手工操作的部分不多，普遍采用机械化、自动化甚至是智能化的生产，但它改变的只是制盐的生产工具，"天日晒盐"法这种制盐技艺却没有发生改变。

盐民与海作伴，盐文化由海而生，是"盐"的六边形晶体塑造了盐民棱角分明、表里如一的性格，是海的持续洗礼滋养了盐民，造就了盐民海纳百川的胸怀和推陈出新的志向，从而形成了"盐之品格、海之境界"的海盐文化，这种文化与大连文化一脉相承。从古至今，大连海盐之所以名扬天下，既有它得天独厚的自然条件，也靠它自身的优良品质，但归根到底还是海盐文化起着支撑作用，是这种海盐文化给了盐民"天人合一"的生存智慧和"专攻一业"的坚定执着精神。他们把大连近300年的"天日晒盐"制盐技艺做到了极致，使其得到了很好的传承。大连海盐主产区复州湾街道被授予"中国海盐之乡"的称号。

2009年，大连制盐技艺被列入大连市非物质文化遗产代表作名录。如今，大连制盐产业正带着它过去的荣光，按照国家推进高质量发展的节奏，开始向新的蓝色梦想启航。

▲中国海盐之乡·复州湾

大连制盐技艺

第二部分

历史沿革

一、大连制盐的历史渊源

盐是极其普通的，但这看似微小的盐，却是人体维持生命不可或缺的物质，更是在人类的历史进程中扮演着重要角色。人类寻盐的历史可以追溯到远古时代，最早的人类采盐活动始于公元前 6 000 年左右。在漫长的历史进程中，人类不仅学会了从海洋和陆地采盐，还发明了各种各样巧妙实用的炼盐技术。

我们常见的食盐种类主要分为海盐、湖盐、井盐、矿盐等。自古以来，中国的盐产量中一直以海盐为大宗，其次是湖盐、井盐和矿盐。中国盐资源富足，在我国绵长的海岸线上，海盐主要分布在东部沿海地区。自古以来，为了管理这些大大小小的海盐生产基地，人们按照地域划分了盐区，从北到南分布有奉天盐区、长芦盐区、山东盐区、两淮盐区、两浙盐区、福建盐区和两广盐区等。这些盐区有着不同的海盐生产条件、不同的盐业制造历史，也有着不同的海盐生产技术和不同的发展过程。

我国海盐制盐历史悠久，很早就有宿沙氏"煮海为盐"的传说。随着时间的推移，我国逐步形成了四大海盐产区，分别为长芦盐区、辽东湾盐区、莱州湾盐区和淮盐产区，其中辽东湾盐区的海盐产地主要集中在营口、金州、锦州和旅顺等地。大连地区位于辽东半岛的最南端，早在春秋战国时期，燕国就在此设辽东郡。秦统一全国后，鼓励农桑，这里的手工业和商业得到了较快的发展，由于临靠黄渤海，适宜的气候与自然资源赋予了大连得天独厚的海盐生产优势。大连地区制盐技艺就是海盐生产工艺流程的发展缩影，主要可以分为"海水煮盐"和"天日晒盐"两个阶段。辽东地区（今天大连所在的辽南地区）是当时东北地区最早的大型海盐场之一，也是如今辽宁地区主要的海盐生产地。

▲古代"煮海为盐"的模拟场景

　　大连地属辽东，与辽东盐业发展一脉相承。在明朝以前历史文献中多为辽盐的记载。辽宁东南部面临太平洋，有长达数千公里的海岸线，制盐的条件得天独厚，故历朝历代，

"辽东盐"生产旺盛，行销各地，与浙盐、淮盐和长芦盐等齐名。西汉著名史学家司马迁撰写的《史记·货殖列传》中曾提到"上谷至辽东……有鱼盐枣栗之饶"。秦统一中国后，天下稳定，辽东盐业有较大的发展，但由于该区人口仍稀少，盐产限于区域内自给。西汉至明初，长期的政权更迭与连年战乱，使社会动荡、民生凋敝，辽东区域的经济、社会发展也是几经沉浮，人口流动较大，造成海盐生产发展较为缓慢，本区盐业生产虽承袭盐铁官营，但盐产较低，以"熬波煮海"为主，即海水煎煮之法，煮海用具虽历经各朝代更替，但无明显差异。

明朝建立以后，特别重视盐政，不仅设置了较为完备的盐务管理机构，还为解决边疆军粮短缺等问题，建立了行之有效的"中盐"制度。明洪武初年（1368 年），为管理各地盐政，明朝政府先后在各产盐地设置管理机构，其中包括 6 个都转运使司、7 个盐课提举司，除此之外，还专门设置了辽东煎盐提举司，负责具体管理辽东盐政事务。据明任洛等纂修的《辽东志》（"辽海丛书"版）记载"复州卫盐场百户所在复州卫城西 42 里……金州卫盐场百户所设置于金州卫城东北 130 里处"。明洪武十四年（1381 年），复州卫就已设盐百户所和煎盐军，管理和经营煮盐事宜。复州卫城（今瓦房店市复州城镇）复州卫的盐场百户则位于羊官堡以西的复州湾区域；而金州卫盐场在今天的金普新区，位于金州区东北 130 里的皮口镇，明清时期地名为貔子窝。皮口沿海分布着大片的盐田，其中以东老滩开发最早，产量最大。据《东三省盐法新志》（1928 年民国铅

印本）记载"明辽东盐场十有二，复州卫西有盐场""金城子村尚有旧城遗迹，其门额有'盐场堡'三字"，说明早在明朝初期复州湾地区的沿海一带已出现了海水煮盐的繁荣景象。自明开始，大连地区就已经出现了以复州湾、金州、皮口区域为核心的大型海盐生产集聚点，在整个辽东地区甚至北方区域都是形成比较早的区域之一，具有代表性。

之后开始了数十年的战乱，民不聊生，盐业未能很好地发展。直到清顺治十年（1653年），朝廷鼓励百姓移民大连地区垦殖，并设立州、县进行治理。康熙年间，辽东半岛开始恢复生机，流民回归，百业重振，盐业也有较大发展。然而，这种延续已久的海水煮盐方法不仅产量低，而且是以分散、作坊式的形式存在的，很难形成更大的规模。真正具有现代意义的制盐方法始于清康熙三十年（1691年）后，当时在全国推广"天日晒盐"法，使海盐生产实现了具有里程碑意义的跨跃，这种方式一直沿用至今，是目前我国海盐生产的主要方法之一。清雍正四年（1726年），山东蓬莱人刘官来到今大连复州湾区域的南海头定居，带来并推广了海水晒盐之法，从此结束了大连地区的煮盐历史。

据《复县志略》记载"清嘉庆十三年（1808年），有李君材者经商营口，遇山东人姜姓，以善制盐名，乃偕归复县，择拉脖子地点创筑盐田，戽水晒盐，著有成效。白家口一带亦多仿制，是建滩之始"，当地盐滩的建成，对周边地区有着很大影响。清咸丰四年（1854年），望海甸一带建成滩田；清同治元年（1862年），在羊官堡一带也出现了粗具规模的盐滩。新式制盐方法和粗具规模的盐滩的出现，

使滩田所有者收益颇丰，这也带动着辽东地区盐业的快速发展，更让清政府认识到大连地区的盐业已成为税收的重要组成部分。清光绪三年（1877年），奉天府（今沈阳）为了规范复州湾沿海一带的盐业秩序，设立了隶属奉天将军署粮饷处的复州盐厘局，辖白家口、小岛子、望海甸及羊官堡四个分卡，局设委员，卡设滩长。至此复州（县）开始有了盐务专官，同一时期大连的金州、皮口、旅顺等地也陆续设置相应机构。从此，大连盐业得到了迅速发展。随着制作统一的三联式票据、设立滩长、统一计量工具等措施的施行，大连地区的盐业管理有了很大的进步，盐业税收在财政收入中占重要地位。

清朝晚期中日甲午战争后直到抗日战争胜利前，外国列强入侵给我国的民族工业带来很大的冲击，大连盐业也未能幸免。这个时期先有沙俄，后有日本对大连区域的主要海盐生产区进行占领，疯狂掠夺海盐资源和中国人民的财富。清宣统元年（1909年），日本在交流岛山西屯成立了"东洋制盐株式会社交流岛出张所"，也就是制盐的办事处。这是日本在东北建立的第一个盐务管理机构，标志着日本在复州湾及五岛经营盐田的开始。从1934年开始，日本加快了侵略的步伐，陆续建成和扩建了大批盐滩，建设洗涤盐工厂，同时还在盐滩内修建通往坨台的轻便铁路，增加海盐产量。无论是盐滩的增加、化工厂的建设还是盐田设施的大量投入，最终目的就是通过快速扩大生产规模的方式，掠夺更多原盐和化工原料，为其发动侵略战争做准备。

▲ 日伪时期的盐田

　　1947 年 6 月 6 日，复县解放，成立了白家口盐务管理所（1948 年改称为复州湾盐务管理所），管理原复州湾的公滩，扶助民滩。与此同时，五岛盐务管理所在山西屯成立，两个盐务管理所同隶属于辽南盐务管理局，实现了复州盐业的统一管理。从此，大连地区的盐业走上了积极发展的新道路。

　　中华人民共和国成立后，东北地区制盐行业逐步恢复生产，其中所有海盐生产皆出自辽宁，而辽宁最大海盐生产区集中在大连，形成了四家具有一定规模的盐场，分别为复州湾盐场、金州盐场、皮子窝化工厂和旅顺盐场，其中复州湾盐场居大连产盐业首位，占地面积和产能均占大连盐区一半以上。随着国内产盐量的不断提升、交通物流条件的逐步改善以及原有制盐企业的破产、盐田被征用出让，现今辽宁省内四大盐场完整保留下来的海盐生产单位只剩下大连盐化集团（原名复州湾盐场），其在较好地保留传承了大连几百年来制盐工艺（"天日晒盐"法）的基础上，不断优化工艺流程，提升产盐品质，将传统技艺和现代化设备有机结合，生产出高品质的海盐产品。

▲现代"盐山"

二、大连制盐的特点

大连地区是我国较早大规模生产海盐的地区之一，所产的海盐晶莹剔透、色泽白净，晶体氯化钠纯度高，重金属含量低，悠久的制盐历史和出众的海盐品质使大连制盐闻名全国。

大连制盐技艺传承百年，最大的特点就是"取材天然，工艺自然，品质卓然"。从采用"煮海熬波"的煎制海盐方法，发展到滩晒法，再到如今经过不断优化改进的古法制盐工艺，大连制盐技艺经历了从无到有、代代传承的沧桑历程，浓厚的海盐文化更是深植于中国北方滨城大连。

（一）取材天然

根据科学家多年研究，海水中富含陆地所有的矿物元素，包括70多种人体所需要的矿物质和微量元素，其中的氢、氮、碳、氧、钠、镁、钾、磷、硫、氯、钙11种为人体必需的常量元素，氟、锌、硅、钒、锰、铁、钴、镍、铜、硒、钼、锡、碘、铬14种被认为是人体必需的微量元素。人体需要的各种元素海水中均有，能较均衡地供于人体，它们与人类生命戚息相关。大连特殊的地理位置使这里的海洋生物品种丰富，特别是在黄渤海交汇处，较强的海水自净能力、丰富的矿物质和微量元素为海盐生产提供了优质的天然原料。

（二）工艺自然

盐，繁体字为"鹽"，是由"臣""人""卤""皿"四个部分组成的："臣"是指监督官吏；"人"是指煮盐的劳动者；"卤（鹵）"是指煮盐的原料；"皿"是指煮盐用的锅釜。古人制盐工艺是煮、煎，所以又称"煮海为盐"，而大连制盐最早也是采取煮、煎之法。

有诗歌这样描述古法海盐制作工艺：

年年春夏潮盈浦，潮退刮泥成岛屿。
风干日曝咸味加，始灌潮波塯成卤。
卤浓碱淡未得闲，采樵深入无穷山。
豹踪虎迹不敢避，朝阳出去夕阳还。
船载肩擎未遑歇，投入巨灶炎炎热。
晨烧暮灼堆积高，才得波涛变成雪。

这是宋代柳永《煮海歌》中的句子，诗人写出了盐工的苦与累，引潮、刮泥、晒泥、淋卤、砍樵、煎煮，古代盐工经历辛苦，"才得波涛变成雪"，这既是先人的智慧，也是技艺发展的必然过程。

煎盐法出盐速度快，效率高。但煎盐法所用的铁盘、竹盘不能太大，盐产量受到一定限制，并且要消耗很多的燃料和工力。为了克服产盐低、耗能高的缺点，古代盐民

创造了晒盐法。海盐的日晒法，兴起得要晚一些。元代时，福建地区的海盐生产率先采用日晒法，"全凭日色晒曝成盐"，这在中国制盐史上是一项具有重要意义的革新。日晒法产盐，具有节约能源、降低成本的优点，一把盐耙、一根扁担、一把铁铲和两只泥箕就是所有的劳动工具。但这种方法受地理及气候影响，不是所有的海岸滩涂都能修筑盐田，也不是所有的季节都能晒盐。

修筑盐田晒盐的方法被称为"滩晒"法，这种方法首先需制卤，在古代制卤时引潮水入盐滩，直接晒制，这叫作晒卤。晒盐时一般将盐田分段，依次为蒸发池、调节池和结晶池。每逢潮汛，用戽斗或水车引海水入蒸发池，逐段晾晒、浓缩，至卤水中氯化钠含量接近饱和时，引入调节池，最后放入结晶池晒制成盐。

大连制盐技艺采用古法制盐工艺——"天日晒盐"法。"天日晒盐"法经历百年工艺优化与技术创新，逐渐形成了国内一流的特色晒盐工艺流程，其过程是：纳潮—制卤—结晶—收盐。首先将海水纳入滩田，利用复州湾地区适宜晒制海盐的广阔泥质滩涂，借助阳光、风等自然条件进行蒸发浓缩，并通过迂回盐田走水设计，使纳潮进滩的海水经过近百个容积为 2 ~ 4 平方千米储水圈的充分沉淀，保证水质经过全方位、长时间的日照、碱性土壤及不同盐度的水里富含的不同类型的盐藻净化过滤，调节水质、活化营养，使海水中的氯化钠含量逐渐增加，达到饱和状态，再把饱和卤水引入结晶池，进行蒸发浓缩，将氯化钠析出。其中各操作环节全部为人工作业，生产全程无污染。

这项制盐技术具有很高的实施难度，既要有广阔而又无污染的盐田空间、设计科学的走水晒盐线路，又要有制盐人对每一个生产环节、盐田圈池的严格把控，是通过百余年生产经验积累及技术钻研才能够掌握的。这种技术生产出来的海盐营养天然、咸度自然、鲜味悠然，这也正是大连制盐技艺的精髓之所在。

（三）品质卓然

大连制盐技艺最大限度地保留了海水中蕴含的天然矿物质和微量元素，没有人工合成的矿物元素，且大连地区的自然环境条件好，海盐生产区域的海水水质优良，保证了海盐的高端品质。同时，大连特殊的自然气候和地理环境有助于海水中藻类的生长，藻类品种达到十余种，这些藻类在光合作用下转化为多种类型的氨基酸，在漫长的海盐生产周期下，使海盐中富含多种氨基酸，具备源自天然

▲大连盐化集团的现代盐田

的"鲜咸"口感，这也是大连海盐的与众不同之处。

　　目前，"大连海盐"已然成为大连的一张城市名片。2017 年 7 月，中国轻工业联合会与中国盐业协会授予大连复州湾街道"中国海盐之乡·复州湾"荣誉称号，该街道是国内第一个也是目前唯一获得该项荣誉称号的地区。这不仅是对大连海盐品质的认可，更是对以复州湾为代表的大连海盐发展历史的见证，这项荣誉将载入中国盐业史册。2018 年 3 月，继大连海参、大连鲍鱼、大连河豚之后，产于大连复州湾地区的复州湾海盐，正式获批国家地理标志产品保护，成为大连市 8 个地理标志保护产品之一，这是对大连海盐的认可，也是对大连制盐技艺价值的又一次证明。

三、大连制盐的发展

大海，是盐的源泉。人类在大海边建起无数的盐田，收获着咸滋滋的宝藏。我们由北向南看，在中国漫长的海岸线上，古往今来，盐田里源源不断地生产着白花花的海盐。但是，生产海盐非常辛苦。据史料记载，古时在海滨终日熬波煮盐的盐民，最早多是朝廷流放的犯人，后来在海边煮盐者均入"灶籍"，世代沿袭。在宋代，盐民的地位较为低下，位属"三籍"（军籍、匠籍、灶籍），其中灶籍指的就是盐民。灶民的生产生活环境极其恶劣，终日在旷野中超负荷劳作，他们经历的艰辛更是难以想象。那些在大海边煮海熬盐的盐丁，生活在社会最底层。沿海煎盐为生的盐丁许多是移民，他们的居住条件非常艰苦，住的都是临时搭起的茅草棚，饮食以粗粮为主，饮用的是天落水。虽然随着时代的发展、技艺的优化，制盐的条件不断改善，但以人工采集的方式制盐终究是效率较低的。

建国初期的生产方式和笨重的生产工具使盐工们的劳动十分艰苦。他们仍用抬筐、扁担、大耙、木锹和石磙之类的农具制盐，以及仍采用水斗提水的笨重作业。盐工劳动负荷之大、生活之苦、待遇之低，可居百业之首。造成这种状况除社会、历史原因外，主要是落后的生产工具使然。《东三省盐法新志》记载"奉省制盐之器最为简单，皆农家常用之物"，由此可见一斑。面对此种情况，在国家的大力扶持下，大连地区各地的制盐场不断加快改造的步伐，逐步改善了盐田生产条件差、生产技术和生产工具落后的情况，快速推动了大连制盐技艺的发展。

▲海盐生产作业现场

自古以来，辽宁地区就是海盐主要产区之一，是东北地区食盐主要供应基地。建国初期，盐田面积快速增加，制盐基础条件大幅改善，制盐工艺不断发展，从最初的年产量不足 100 万吨到顶峰时期年产海盐约 300 万吨，大连地区的海盐产量则占半数以上。随着时间的推移，由于种种原因，大连地区乃至整个辽宁地区的大规模海盐场相继减产、停产，民滩范围也大幅萎缩，甚至许多传统的制盐地已逐渐销声匿迹；大批的制盐匠人由于制盐行业辛苦、收入低而转行，制盐技艺的传承出现后继乏人的现状。

但大连制盐技艺却在完整传承技艺精髓的基础上，通过技术的不断革新、设备的持续升级，借助现代化工业生产的优势，借鉴国际国内知名海盐场的发展经验，引入"绿色发展、智慧生产、产业融合"的理念，不断在传承中发展、在发展中创新、在创新中继承，使大连制盐技艺焕发

▲抬筐运盐

▲独轮车运盐

出新的勃勃生机。目前，大连盐化集团已发展成为东北最大的海盐生产基地，年产量超过 80 万吨，是大连乃至东北地区原盐生产的主力，更是引领中国海盐行业未来发展的头部企业。

▲四轮车运盐

▲机车运盐

　　大连制盐业的发展历程基本是与全国海盐业的发展同步进行的，这与制盐业本身的资源性强、产品附加值低、技术梯度大、劳动密集属性高等特点密不可分。从向国际、国内先进制盐地区学习技术、模仿生产到集中规模化、现代化、科学化、多产业融合化发展，大连制盐业的崛起侧面见证了中国从站起来到富起来、再到强起来的伟大进程。大连地区各制盐区域的发展过程、规模程度和技艺更迭虽然在时间上和程度上存在差异，但发展的趋势呈现出一致性。以大连地区现存规模最大、历史最久、技艺保存最整的大连盐化集团的发展史为例，可见整个东北区域海盐制盐业的历史进程与发展趋势。

　　大连复州湾盐场，也就是现今的大连盐化集团，早在1848年复州湾一带盐田粗具规模后就建立了盐场，逐步发展成为久负盛名的全国四大海盐场之一。从最初的"煮海

▲旧时人工扒盐

▲现代无人收盐机

▲新型联合收盐系统

为盐"到日晒海盐，从分散制卤、分散结晶到集中制卤、集中结晶，从单一的以生产海盐为主到集海盐、海水化工、海洋生物和海盐文化多产业融合发展，从家庭作坊式的手工操作到机械化、自动化生产工具的应用，170多年来的创新发

展，见证了大连海盐产业今天的辉煌。特别是中华人民共和国成立后，发展速度进一步提升，诸多新技术、新成果成为大连制盐技艺传承的新亮点。从20世纪50年代的抬筐、60年代的手推独轮车、70年代的四轮车到现在的大塑结晶池塑料自动收放、管道扒盐、联合收盐机……每一种新生产工具的诞生、每一次技术的创新，都推动着企业乃至地区产业的发展。

在此期间，诸多具有里程碑意义的新产品和新设备相继诞生：2001年3月11日，标志着海盐运输方式革命性变革的"一条龙"扒盐试验成功，它改变了传统的两装一卸、两次倒运、产品两次落地的运输方式，使原盐直接进入生产车间，在节省了大量费用的同时，使民用食盐的质量有了明显的提高。2010年，具有省力高效、可水中全天候作业的CY100采盐机正式"服役"，它标志着传统的劳动密集型采盐模式的结束，是盐业机械发展史上的又一次革命。2011年5月，试验成功了结晶池大塑浮卷收放自动化装置，每年节省了大量的费用，更重要的是解决了大塑结晶池收放塑料时间长、耗费人力多、劳动负荷大、塑料破损频、海盐化损重等问题，进一步实现了海盐生产的自动化与智能化。

从2008年起，大连盐化集团开始大面积对盐田进行改造升级，构建现代海盐业生产流程，依托广阔的海水资源、盐田土地资源及悠久的海盐文化资源优势，实施绿色发展战略，实现一、二、三产业深度融合，打破了原有海盐的生产格局，形成了国际先进、国内一流的"纳潮—养殖—

制溴—制盐—盐化工业生产"绿色循环产业链，实现了卤水的零排放，保护了地区的生态环境。

　　未来大连制盐业将继续秉承绿色发展理念，实施"产业+"规划，不断延伸海水制盐、海水养殖、海水化工、海盐文化旅游产业链条，多业并举，力争在国内率先实现由发展海盐经济向发展海洋经济的多极增长，实现高速度与高质量发展，承担起东北盐业的发展使命，以不断推动产业的做大做强来保障大连制盐技艺的永续传承，让古法制盐技艺发扬光大。

大连制盐技艺

第三部分

大连海盐的价值

人类发现并使用海盐，在很长一段时间里它的价值主要是满足味觉的需要。随着人类认知水平的提高、社会文明的进步与发展，人们认识到盐不仅是味觉的需要，也是人类生存的需要，是生活中不可缺少的基本要素之一。除此之外，盐也应用于工业，早在20世纪50年代，国际上就把盐、铁、石油、石灰石和硫磺称为五大工业原料。如今，盐在工业、农业、国防、社会其他领域用途十分广泛。就大连海盐而言，它的价值主要体现在以下五个方面。

一、大连海盐的工业价值

盐是重要的化工原料之一，被誉为"化学工业之母"。日伪统治时期，日本人在大连建有一定规模的化工厂，生产纯碱等产品，主要用于军工、纺织、印染等行业。盐是制碱的原料，碱需求量的增加自然会加大盐的需求。当时，日本在大连建的碱厂，年生产纯碱14万余吨，按照生产1吨纯碱需要盐1.85吨计算，该厂一年需要用盐约26万吨。在很长的历史时期内，大连地区的海盐主要供给大连化工厂，用于生产纯碱（碳酸钠）、氯化铵（一种农用化肥）等产品，年供应海盐量约 60 万吨。还有一部分海盐供给东北地区其他化工厂，如沈阳化工集团，用于生产烧碱（氢氧化钠）、盐酸等传统化工产品；黑龙江昊华化工有限公司，用于制造氢氧化钠溶液、乙炔、聚氯乙烯等化工产品。这两家化工厂海盐年需求量约 25 万吨。旧时海盐供应大连以外地区，不像现在有铁路运输、汽车运输那么方便快捷。那时一般都是船运，盐工在盐滩用一种叫作"大窝锨"（装很多盐的锨）将盐直接装在畜力车上，再由畜力车把盐运到当地港口装船运走。还有一种运输方式是使用帆船。将帆船直接停靠在盐滩外的海坝边，用木制"桥板"一头搭在船边、一头搭在岸边，盐工手推装满盐的独轮车，通过"桥板"装船，运往石河、营口"转运站"，再换成其他运输工具运往东北其他地区。

▲旧时帆船装运海盐的场景

改革开放后，"小菜加工"产业在大连蓬勃发展，成为大连出口创汇的一个重要产业，每年腌制裙带菜、海带菜等需用大连海盐30万吨左右。用于"小菜加工"的盐被称为"小工业盐"。此外，大连海盐的民用价值比较大。大连是滨海城市，城乡居民尤其是海边居民喜欢食用当地海盐腌制的鱼类、肉类、蔬菜类食品，"家庭腌制"成为许多大连家庭常见的生活方式。

▲盐坨

二、大连海盐的烹饪价值

盐是"百味之王""五味之首",盐在烹饪中的价值就是调味。特别是用海盐调味,味道格外鲜美。据《盐法通志》记载,"盐之质味,海盐为佳,井盐池盐次之,海盐之中,滩晒为佳,煎盐板晒又次之。"

大连地处北纬39度气候带,四季分明、雨量适中、阳光充足,是世界公认的优质海盐产区,像法国、韩国等国一些著名的盐场都坐落于此气候带。此外,大连特殊的气候条件有利于海水中各种藻类的生长,如大连渤海湾水域就有十余种藻类,这些藻类在光合作用下转化为多种形式的氨基酸,这也是大连海盐具有天然"鲜咸"味道的主要原因。以大连盐化集团为例,中国科学院海洋研究所分析测试中心对其生产的日晒海盐做了检测,出具了检测报告(见表3-1)。

表3-1　　　　　　　　　检测报告

样品名称	1号盐（µmol/kg）	2号盐（µmol/kg）	3号盐（µmol/kg）
天门冬氨酸	0.501	0.337	0.123
谷氨酸	0.284	1.74	0.09
组氨酸	0.193	0.102	0.035

33

样品名称	1 号盐（μmol/kg）	2 号盐（μmol/kg）	3 号盐（μmol/kg）
丝氨酸	1.355	0.803	0.289
精氨酸	0.142	0.088	0.035
甘氨酸	0.574	0.252	0.187
丙氨酸	0.113	0.091	0.024
酪氨酸	0.764	0.293	0.211
蛋氨酸	0.029	0.089	0.003
苯丙氨酸	0.274	0.197	0.073
缬氨酸	0.205	0.158	0.139
异亮氨酸	0.235	0.138	0.214
亮氨酸	0.593	0.198	0.138
合计	5.262	4.486	1.561

（大连盐化集团内部资料）

▲自然颗粒盐

表中的 1 号盐为日晒海盐，氨基酸含量最高，为 5.262 μmol/kg，大连海盐的味道天然"鲜咸"，口感独特，"大连味道"名扬全国。

当然，体现烹饪的价值，除了有"好盐"做基础外，还要掌握好放盐的"度"。

大连制盐技艺

三、大连海盐的营养价值

人类孕育胚胎（生命）的羊水，成分 98% 是水，另外的是钠、镁、钾、钙、碘、铁、锌等矿物质和微量元素，主要成分与海水相似。这些矿物质和微量元素都对人体有益，是人体不可缺少的组成部分。获取这些矿物质和微量元素理想的途径之一是食用海盐。因为海盐是从海水中结晶而成，它富含海水中对人体有益的矿物质和微量元素。这些矿物质和微量元素一般是以离子状态存于体内，虽然量少，但对机体功能的发挥无可替代。

大连海盐受气候影响，制作工艺复杂、生产周期较长，能充分地把海水中的矿物质及微量元素均衡地吸收进来，从而保证营养丰富。大连制盐的海水水质优良，保证了大连海盐的品质。以大连盐化集团为例，大连产品质量检验检测研究院有限公司 2021 年 10 月对该集团几个产盐作业区的海水进行了检测，检测报告如下（见表 3-2）。

表 3-2		检测报告					
序号	检验项目	检验结果					备注
		五岛平岛纳潮水（9月）	原一场半拉海纳潮水（9月）	南海半拉海纳潮水（9月）	五岛沙沟纳潮水（9月）	八场半拉海纳潮水（9月）	
1	铅（以Pb计），μg/L	未检出（检出限：1.8μg/L）	未检出（检出限：1.8μg/L）	未检出（检出限：1.8μg/L）	未检出（检出限：1.8μg/L）	未检出（检出限：1.8μg/L）	
2	镉（以Cd计），μg/L	未检出（检出限：0.3μg/L）	未检出（检出限：0.3μg/L）	未检出（检出限：0.3μg/L）	未检出（检出限：0.3μg/L）	未检出（检出限：0.3μg/L）	
3	铬（以Cr计），μg/L	未检出（检出限：0.4μg/L）	未检出（检出限：0.4μg/L）	未检出（检出限：0.4μg/L）	未检出（检出限：0.4μg/L）	未检出（检出限：0.4μg/L）	
4	汞（以Hg计），μg/L	0.023	0.047	0.072	0.086	0.13	
5	砷（以As计），μg/L	0.68	0.63	0.81	0.76	0.96	
6	钡（以Ba计），mg/L	0.063	0.062	0.048	0.053	0.061	

（大连盐化集团内部资料）

　　报告显示，大连产盐作业区海水中的重金属成分远低于国家标准，说明大连制盐水域没被重金属污染。根据国家标准《海水水质标准》，大连制盐水域属于国家第一类海水水质。这样的水质，富含对人体有益的矿物质和微量元素。如人体中的钠离子可调节细胞"外液"的渗透平衡，当人体过度疲劳或流汗过量时，可补充适量的钠。人体缺钠会出现倦怠、眩晕、恶心、食欲不振、心跳加快、血压下降、肌肉痉挛等症状，严重者可昏迷。镁离子在人体内有很强的抗血栓作用，对心脑血管疾病有很好的预防作用，是心脑血管系统的"保卫者"。镁离子能激活体内多种酶，抑制神经异常兴奋性，维持核酸的稳定性，参与体内蛋白

大连制盐技艺

质的合成、肌肉收缩及体温调节，被称为"人体健康催化剂"。钾离子能维持人体细胞"内液"的渗透压，维持酸碱平衡，可参与代谢，维持神经肌肉的正常运行。缺钾可导致全身乏力、心跳减弱，严重时可引起麻痹，导致呼吸衰竭。钙离子在人体的含量最高，有人体"生命元素"的美誉。人体中99%的钙沉积在骨骼和牙齿中，促进生长发育，维持形态与硬度，还有1%的钙存在于血液和软组织细胞中，对血液凝固、神经、肌肉的兴奋与制约有重要作用。碘是新陈代谢和生长发育的必需元素，是人体合成甲状腺激素的主要原料。

海盐之于健康的意义，还在于海盐属于食补品。2004年，《盐业科技》刊登了著名盐化专家李友林《浅论自然海水浓缩液的开发前景》一文，文中他对食用日晒海盐做出了科学解释。他认为食用日晒海盐的好处：一是矿物质和微量元素含量齐全，可以有效避免只补充单一元素带来的不足；二是矿物质和微量元素在海盐中的比例均衡，多种矿物元素间的比例与人体体液、细胞浆液中的比例基本吻合，可帮助人体矿物元素从失衡状态调整到均衡状态；三是所含的矿物质和微量元素纯天然，没有人工合成矿物元素的副作用；四是吸收快，日晒海盐富集和携带的元素溶解后以离子状态存在于液体中，人体不经过消化系统就能吸收；五是作为营养补充剂，日晒海盐中的多种天然矿物质和微量元素，可以用来调整处于亚健康状态体质的微量元素失衡。

四、大连海盐的保健价值

海盐具有消炎杀菌、护肤美容、医治疾病等作用，因其具有"渗透压"的特点，可以盐为载体把药品的功效通过体内毛细血管直接送达病灶处。为此，以大连盐化集团为代表，相继开发了盐的保健项目和保健产品，让消费者共享大连海盐的保健价值。具体项目有"浓海水漂浮"、"盐雾吧"、"盐汗蒸房"、"盐滩浴"和"盐泥浴"等。

"浓海水漂浮"项目：约 20 波美度的浓海水，可使人漂浮在水面上，即使不会游泳也不会沉入水底，人躺在水面上，可一边享受精神和心情的放松，一边享受浓海水中多种元素对人体肌理的调节。这种调节可预防、治疗多种疾病，尤其是对关节炎、皮肤病等疗效显著。"盐雾吧"项目：人吸入盐雾，可清肺和治疗呼吸道疾病。"盐汗蒸房"项目：睡炕用玉石铺就，墙壁用盐砖镶嵌，人睡在其中，可治疗腰、腿疾病。功效相似的还有"盐滩浴"项目，人埋在 40 摄氏度左右的盐中，可以实现杀菌、消炎、催眠作用。"盐泥浴"项目：盐泥集百年晒盐之精华，可杀灭皮肤表层细菌，对皮肤起到很好的保护作用。此外，以海盐为原料研发了盐腰带、盐坐垫等保健产品，以及盐面膜、盐香皂、盐洗浴液等护肤产品，充分发挥了大连海盐的保健价值。

▲浓海水漂浮

▲盐汗蒸房

五、大连海盐的文化价值

大连海盐漫长而沧桑的历史有太多的故事可讲："人踩水车提水""人拉石磙压滩""人抬盐筐收盐"是盐工"晴天一身汗，雨天一身泥"的记录；明代所建的"盐城堡"、大滩主所建的"丰泰德"庄园等遗迹，是盐工苦难与抗争历程的见证；在实践中总结的"制卤有三要，全凭勤、细、靠"等制盐谚语，是盐工"晒盐虽看天，不向天低头"的写照；"百里银滩，百里盐"的劳动成果，是为百姓、为社会奉献的证

▲海盐世界公园

明。这些故事深藏于遗址、老物件中，集结于《百年盐业》《大盐滩》等出版物中，留存于海盐历史文化馆和大连海盐文化传播中心，反映出大连海盐带来的不仅是有滋有味的生活，

▲海盐历史文化馆

▲大连海盐文化传播中心

也是有底蕴的文化。一粒小小的海盐，是无数劳动人民智慧的结晶，蕴含着丰富的文化精神，也给人带来美的享受。

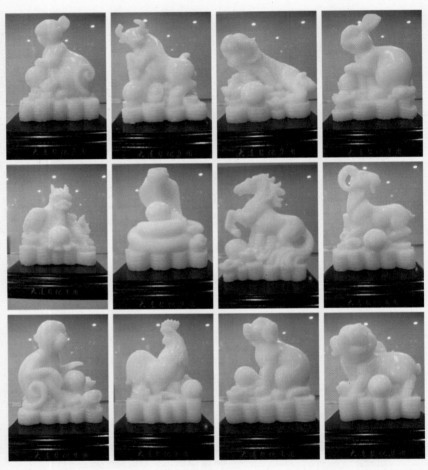

▲盐雕——十二生肖

大连制盐技艺

第四部分

大连制盐技艺的内容

一、海盐生产的原理及条件

（一）海盐生产的原理

制盐就是以海水为原料，利用煮熬或日晒风吹的方法，使海水蒸发浓缩结晶成盐。海水中氯化钠的含量为2.5%～3%，溶液浓度约为2.53波美度[①]。当溶液浓度达到25.5波美度时，盐就开始结晶析出；当溶液浓度高于30波美度时，海水中的氯化镁等对人体有害的成分会随着氯化钠的析出而结晶出来。因此，制盐的卤水浓度必须保持在25～30.2波美度。

海水是含有多种化学成分的溶液。海盐结晶的过程是饱和卤水[②]继续蒸发浓缩析出氯化钠的过程。饱和卤水实质上是一种含有多种溶质的溶液，氯化钠就是这种溶液中含量最高的一种溶质。

---

①波美度：指把波美比重计浸入所测溶液中得到的度数，是表示溶液浓度的一种方法。在盐业生产中，常用来表示海水、卤水浓度。
②饱和卤水：制盐工业常用语，一般是指有结晶盐出现之前的海水。

（二）海盐生产的条件

1. 地理条件

大连地处辽东半岛最南端，位于东经 120 度 58 分至 123 度 31 分、北纬 38 度 43 分至 40 度 10 分之间，东濒黄海，西临渤海，南与山东半岛隔海相望，北依辽阔的东北平原，是东北、华北、华东的海上门户，是重要的港口、贸易、工业和旅游城市。大连市位于北半球的暖温带地区，具有海洋性特点的暖温带大陆性季风气候，冬无严寒，夏无酷暑，四季分明。[1]

据大连盐化集团多年收集的气象资料表明，大连海盐产区年平均气温为 10.5 摄氏度左右。8 月最热，平均气温为 24 摄氏度，日最高气温大于 30 摄氏度的最长连续日为 10～12 天，年极端最高气温为 35 摄氏度左右。1 月最冷，平均气温南部为零下 4.5 到 6.0 摄氏度，北部为零下 0.7 到零下 9.5 摄氏度，年极端最低气温南部为零下 21 摄氏度左右，北部为零下 24 摄氏度左右。无霜期为 180～200 天。

大连海盐产区年平均降水量为 550～950 毫米，由西南向东北递增。年降水量 60%～70% 集中于夏季，多为暴雨形式：春季为 12%～15%，秋季为 15%～20%，冬季仅为 5% 左右。最长连雨日数出现在 7 月，达 12 天。因受海洋影响，地区夜雨多于日雨，尤以夏季为甚。春季多旱，旱年多于涝年，连续干旱或洪涝一般不超过 3 年。全区地处东亚季风区，6 级或 6 级以上大风日数，沿海地区每年为 90～140 天，

---

[1] 数据来源：大连市人民政府官网，2021 年 4 月 6 日发布。

▲盐工

内陆地区每年为 35～50 天。风速、风向随季节转换有明显变化。春季大风日数最多，夏季最少，最长连续大风日数出现在冬季，一般为 4～6 天。冬季盛行偏北风，夏季盛行偏南风，春、秋两季是南、北风转换的季节。

年平均日照时数为 2 500～2 900 小时，日照率为 60%。冬季日照时数最低，春季最高，秋季多于夏季。[1] 所以，大连地区春、秋两季是晒盐的好季节，尤其 5 月是晒盐的旺季，被称为"红五月"。盐工内部有一种说法"槐树开花，盐工叫妈"，形容的就是 5 月盐工劳动强度之大。

---

①数据来源：大连海盐产区的相关数据由大连盐化集团提供。

2. 气候条件

海盐，是以海水（含沿海地下卤水）为原料晒制而成的盐。制盐常用的方法为日晒法。日晒法，也称"滩晒法"，即利用海岸滩涂，筑坝开辟盐田，通过纳潮扬水，引入海水灌池，经过日照蒸发变成卤水。当卤水浓度达到25.5波美度时，析出氯化钠，即为原盐。日晒法生产原盐，具有节约能源、成本较低的优点，但是受地理及气候影响，不是所有的海岸滩涂都能修筑盐田，也不是所有的季节都能晒盐。盐产量的高低，与光照条件的好坏和气温的高低有直接关系：在相同条件下，光照条件越好，气温越高，产盐量越高。

大连地区一般每年的3月、4月、5月、6月、9月和10月为晒盐的最佳时期，盐产量较之其他月份要高一些。夏季7、8月为汛期，虽然光照条件好，温度也高，但雨水多，容易降低海水的浓度，影响盐的产量。冬季，光照条件差，又加之多雪，一般来说，是晒盐的淡季。因此，春、秋两季为晒盐的最佳季节。

风力大小也是晒盐的重要条件之一，最合适的风力为5~6级，风力过大，会使卤水（盐滩中用于晒盐的海水）溢出盐田，毁坏盐田滩涂；风力过小，则不能在短时间内达到蒸发量，会延长晒盐的周期。

3. 土壤条件

晒盐对滩田土质的要求很严格，并不是所有的海滩都能晒盐，只有土质紧密的滩涂，能够在地表形成不透水层，才能保证水不易渗漏。

大连地区称这种紧密的土质为碱泥土。晒盐之前，盐工

们往往要先踩滩，边踩边晒，使土质紧实且坚硬，不易渗漏，多日后才能放水晒盐。

滩田特殊的土壤结构决定了卤水渗透量的大小。滩田的第一层是淹育层，它长期被卤水浸泡达到饱和。这一层是卤水向下渗透的层次，土壤中空气含量少，是土壤和各种元素的混合体。第二层是淀积层，这一层中氯离子和钠离子形成微小颗粒，天长日久形成了黏土。加之形成过程中海底各种藻类腐烂变质沉淀其中，便形成了不透水层。也就是盐渍化过程中在沉积作用下形成的紧密胶结，坚硬的薄土层，即铁质硬盘、石膏硬盘和黏土硬盘等。这一层是滩田土壤区别于其他土壤之处。第三层是母质层，就是原状土，第四层是基岩层。①

若土壤的渗透量为100%，成熟滩田的渗透量则至少需要达到30%左右，要使渗透量减少70%以上形成不透水层，至少需要7年左右的时间。

---

① 左秉坚，郭德恩 . 海盐工艺 [M]. 北京：轻工业出版社，1989.

二、海盐生产的工艺流程

海盐生产的工艺流程主要包括：纳潮、制卤、结晶、收盐和堆坨。

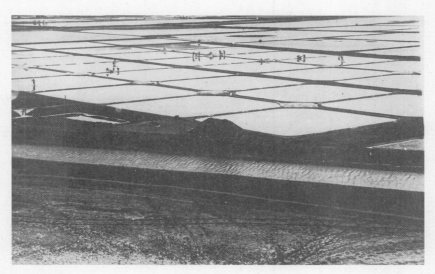

▲老式盐田

（一）纳潮

制盐要先建造储水圈，纳潮人员利用海潮高涨时的高水位，引海水进入储水圈，储存起来，供制卤制盐使用，这种操作叫作"纳潮"。纳潮是海盐生产的第一道工序，也是一道重要的工序。没有海水就产不出盐，海水浓度低，也会严重影响产盐量。

纳潮的特点是不受自然条件限制。建成的盐田有一定的坡度，经引潮沟道流不到储水圈的海水，可以采用水斗或风车扬水的方式。水斗是用柳条编制的，斗的两侧各有一条绳，底部呈尖圆形，也有两条绳，引水时，至少需要两个人拍斗扬水。也可以在涨潮时利用风力带动齿轮，将海水纳入储水圈。与前者相比，这种方法引水量大，又节省了人力。纳潮要掌握潮汐、海流规律，尽量选取高浓度海水。雨季和化冰季节海水浓度低，不宜纳潮。

1.纳潮的方法

海水是盐业生产的原料，为确保生产正常进行，必须要保证原料海水的供应。

根据潮汐运动规律，掌握四季海水浓度的变化情况和满潮时间，制订纳潮计划。在纳潮前必须做好储水圈池坝的检修、引潮沟道的疏通、扬水设备的维修和其他准备工作。纳潮一般应掌握以下方法：

（1）正常纳潮

在大潮或高潮前后纳取高浓度海水。为确保海水供应，要保持储水圈深度适当，以提高蒸发量，并尽可能利用荒地进行储水。要保质保量、有计划地纳取海水。根据纳潮的工作经验概括此方法要诀是："连晴天纳潮头，雨后纳潮尾（或潮中），夏天纳日潮，秋天纳夜潮。"

连晴天纳潮头：晴天时，太阳暴晒，水分蒸发较快，海滩上泥沙盐分含量较高；海水表层也因直接吸收太阳辐

大连制盐技艺

射而蒸发浓缩，浓度比较高。潮头的水因吸收了海滩上泥沙的盐分和热量，浓度较高，所以要纳潮头。

雨后纳潮尾（或潮中）：雨后，淡水轻，易上浮，陆地雨水排入海边，所以潮头水被雨水冲淡，浓度低，不能纳取。雨后纳潮应根据盐场具体条件，尽可能地纳潮尾、潮中等下层浓度高的海水。

夏天纳日潮：夏天白天气温高，蒸发效果好。海水浓度一般是日潮高于夜潮。因此，纳日潮比纳夜潮好。

秋天纳夜潮：秋天夜潮大，日潮小，大潮浓度高于小潮。因此一般纳夜潮比纳日潮好。

此外，冬季雨量一般较少，尤其是结冰期海水浓度高，也比较稳定，适宜多纳潮、纳满潮；夏、秋季多风雨，海水浓度变化较大，滩内还有排淡工作，故应按生产需要纳入海水，不宜过多。适当装满水位，满足生产用水。还应特别重视农历 2 月、8 月低潮期的纳潮工作。

（2）破冰纳潮

冬季寒冷，近岸海水表层容易结冰。冰下海水浓度比结冰前高，破冰纳潮对海盐生产有利，因此，必须有潮就纳，越多越好。但退潮时，冰块常沉积于引潮沟道，再加上沟里存水冻结，使沟底平面升高，影响纳潮，故必须及时破冰，引水进沟。

（3）动力吸扬纳潮

在水泵正常运转范围内，应尽量降低起始扬水位，以延长纳潮时间，增加扬水量。

2.雨季前后的纳潮工作

雨季来临前不纳潮或少纳潮。尽管此时海水浓度较高，但若储水圈已保持一定水深，就不必纳入，以免雨季来临后雨水过多、容量增大，造成损失。

雨后要及时检查储水圈所存卤水浓度的变化情况。如浓度较低，就有更换海水的必要。同时，还要结合滩区排淡的难易程度及时间长短来决定是否更换海水。在更换海水时，如原有卤水浓度经过蒸发浓缩接近或超过海水浓度就无须更换。

雨季过后，待海水浓度增高时（10月起到结冰前），为了储备原料，一般可多纳海水备存，以供冬季与来年春天制卤使用。

3.注意事项

选择纳潮的地点和纳潮时间，应尽量避免或减少不利因素的影响，优先选取高浓度海水，保证生产需要。深海海水的含盐量基本能够保持稳定，近岸和表面海水，由于受到天气、河流、土壤等因素影响，海水浓度易发生变化。纳潮时需注意以下事项：

（1）蒸发和降水

蒸发能提高海水浓度，在连晴天时，海滩被日光照射，盐分析出；涨潮时，海水能溶解海滩上盐的微粒，使海水浓度提高；降水时，可使表面的海水浓度降低。

（2）结冰和融冰

海水结冰可以提高浓度，这与结冰厚度有关，冬季纳潮的海水浓度高；融冰则相反，海水浓度会降低。

（3）海水运动

潮汐可将外海高浓度海水带进港湾，洋流能影响海水浓度，当两海区浓度不同时，必然发生对流，浓度较高的海水由底部流向浓度较低的海区，低浓度海水由上层流向高浓度海区。

（4）河流

江河将大量淡水送进海中，使海面浮着一层淡水，这是影响近岸海水浓度的主要因素，这种影响在雨季最为明显。

综上所述，在纳潮时，需要注意多方面因素，各地的实际情况不同，影响程度也各不相同，有些是永久性的，有些是暂时性的，有些是季节性的，影响较大的还是河流和季节性降水。

（二）制卤

制卤即蒸发浓缩海水（卤水），使海水（卤水）中氯

▲制卤工测量卤水浓度

化钠含量逐渐达到饱和。浓度在 10 波美度以下为无级卤水，10~15 波美度为初级卤水，15~20 波美度为中级卤水，20~25 波美度为高级卤水。

滩晒制盐是典型的自然蒸发过程，制卤就是把海水（卤水）灌入蒸发池，通过太阳能和风能，使其中大部分水分蒸发，达到氯化钠饱和的过程。这个过程是海盐生产中十分重要的一环。一个盐场 80% 以上的面积是用来制卤的，制卤工作的好坏对海盐生产起着决定性的作用。制卤蒸发的快慢，与温度、空气湿度、滩晒面积、风力风向、母液①所含的溶质、日照时间等有关。

制卤过程简而言之就是海水在蒸发池的蒸发浓缩过程。一般会设 8 个蒸发池，盐工称之为八步田，依次称为一田、二田、三田、四田、五田、六田、七田和水池头，其中一田到六田称为下幅田，七田和水池头称为上幅田。卤水由纳潮站引入第一幅田，经过一定时间蒸发后，放入下步池（即二田）中，此时浓度大约为 1.5 波美度，经过二田蒸发后的卤水浓度可达 2 波美度左右。依此类推，每步田里的卤水浓度依次升高，经过水池头蒸发的卤水浓度大约可达 7 波美度。每步蒸发池里的卤水都必须按照"按步卡放"的规程操作。

"按步卡放"就是要求各池段卤水，在一定深度的基础上，由上而下，逐步过池。盐田的各步蒸发池，一般是按一

①母液：制盐工业常用语，也称为苦卤或老卤，是指盐从卤水中析出后残余的饱和溶液。

54

定的落差，步步开放。每步池的卤水必须干净、无杂质。这样做的好处是能够做到咸淡分清，不会互相混合而降低原有卤水的浓度，从而保证每过一个池都增加一定的浓度。一放一干之间，需要有一段晾晒池板的时间，以减少青苔、杂草的生长，避免池底腐烂。经过八步田蒸发过的卤水，无须再继续卡放，而是通过水泵提水进入调节池。

1. 影响制卤的因素

（1）温度

气温的高低直接影响卤水温度的高低，卤水温度的高低反映了分子平均动能的大小，温度越高，分子动能越大，溢出液面的水分子越多，蒸发速度越快；反之，蒸发速度越慢。温度高有利于蒸发。

（2）湿度

湿度越大，空气越潮湿，空气中的水分子回流到液面的概率增大，不利于蒸发；反之，空气干燥，蒸发速度增快。

（3）风速

风能加快液面上方的空气流动速度，从陆地方向吹来的风能带走液面上方的湿润空气，代之以干燥空气，使回流到液面的水分子减少，所以，风速越快，蒸发速度越快。由于风的作用，水面发生波动，增大了蒸发面积，蒸发量增多。

以上这些因素对制卤的影响较为复杂。在制卤过程中必须根据季节的变化，抓主要矛盾，利用有利因素多制卤。

2. 制卤的一般指导原则

海盐的生产须充分利用自然条件，尽快制取量多、质高的卤水，以满足下一步结晶工序的生产需要。在实际操作中一般应掌握以下原则：

（1）缩短成卤周期

成卤周期是指在一定蒸发面积上将一定量的海水浓缩成饱和卤水所需要的时间。影响成卤周期的主要因素有海水浓度、蒸发量、土壤渗透率和放水深度等。

海水浓度：海水浓度越高，蒸发至饱和时所需要的蒸发水分越少，成卤周期短。

蒸发量：当蒸发量大时，成卤周期短。

土壤渗透率：当土壤渗透损失较大时，要想得到同样数量的饱和卤水，需要大量的海水，因此成卤周期长。

放水深度：放水越深，成卤周期越长，单位面积成卤量多，生成单位体积的饱和卤水所需时间少。因此，放水深度应根据当地蒸发量、连晴天数和结晶区的需要而定。

缩短成卤周期，尽快地获得饱和卤水，就能掌握主动权，便于提前变卤成盐。

大连地区连晴天长，有明显的制盐旺季，采取留底水深水制卤方法，增加卤水对太阳热能的吸收，加速水分蒸发，缩短成卤周期，增加成卤量，可满足生产的需要。

（2）增加成卤量

俗话说"有卤就有盐"。卤量充足是结晶区采用先进工艺操作，力争优质高产的重要条件。制卤能力应与产盐能力相适应，根据实验得出，每产一吨盐需饱和卤水 7 立方米左右。因此，增加咸点量，可以扩大结晶面积，缩小蒸发与结晶面积的比例，充分利用自然条件把卤水变成盐。同时，可以有效提高单产面积。增加成卤量的方法，主要

是减小渗透损失，此外还应减少降雨损失，使卤水尽可能多地吸收太阳能、多蒸发水分。

蒸发池压实是减少渗透损失的重要步骤，通过压实，不仅可以减少土壤渗透，还能提高吸热、贮热能力，延长蒸发水分的时间，利于制卤。

减少降雨损失，也是产盐过程中不可忽视的问题，一般多采用保卤井圈水保卤的方法。在雨前进行保卤，因卤水圈进保卤井接雨面积减小，故能降低卤水稀释程度。所以，保卤是减少降雨损失的重要步骤。除深水制卤外，还要因时、因地采取其他适当的措施。如北方盐场采取的结冻制卤、迎风制卤和沟壕养卤等，均为充裕卤源的有效措施。

（3）提高卤水质量

卤水质量的好坏，决定着卤水饱和点的高低：卤水质量好，饱和点低，可以多产盐。同时，卤水质量好，产盐质量高。

要保证卤水的质量，在制卤操作上，必须严格禁止产盐老卤循环再使用，应采取分段结晶、严格卡撒老卤[1]等措施，使产盐卤水的质量保持稳定。

总之，在制盐操作上要有计划性、主动性和灵活性，掌握自然规律，充分利用自然条件，不失时机地提高卤水质量。

3. 常用的制卤方法

（1）深水制卤

各步蒸发池里的卤水要控制一定的深度，走水时逐步下放，并留有一定底水，至最末蒸发池达到饱和。在一定的范

---

①卡撒老卤：制盐工业常用语，指收完盐后，把残余的母液排放掉。

围内，池水越深，吸收太阳的热能越多，蒸发量越大。平均深度增加 1 厘米，蒸发量约增大 0.68%。如使用相同的制卤面积，制取相同数量的饱和卤水，则池水愈深，成卤愈快。

深水制卤的具体操作：首先，结合存卤量多少铺垫底水，实行卤咬卤[①]的走水法[②]；其次，各走水系统轮流走水，延长各蒸发系统停留天数，以增加每次放水的深度，同时降低滩面卤水蒸发时的平均流动速度，减少蒸发抵抗，有利蒸发；最后，利用干燥的大风天，迎风咬卤[③]，保度增量，增加深度。

深水制卤的优点：吸收热能多、散热慢，蒸发量大；水深波浪大，增加了蒸发面积；水深抗雨能力强；对蒸发池落差要求不高，操作简便灵活。

深水制卤的缺点：有局限性，多雨季节或连晴天少时制卤较难，不能满足生产工艺的需求；在相同面积和土质的情况下，深卤比浅卤渗透损失大；水深量大，池板不易晾晒，易造成长期欠修，池底松软。

（2）"一放一干"制卤

相邻蒸发池之间要有较好的落差，每步蒸发池内的卤水要浅，一般深度为 5~10 厘米。正常生产时，每次走水（卤水从一个池子流到另一个池子），先让下一步蒸发池中的卤

---

①卤咬卤：制盐工业常用语，是将适量的低浓度卤水冲兑成高浓度卤水中的一种制卤方法。
②走水法：制盐工业常用语，海水浓缩至饱和，沿着各步蒸发池流动的顺序称为走水路线，俗称走水法。走水路线大体可分为平赶卤、横赶卤和咸水倒扬三种。
③迎风咬卤：制盐工业常用语，一般是指一种工作状态，即逆风进行卤咬卤工作。

水流到上一步蒸发池中，下一步蒸发池中的卤水放干后，接着再续上卤水，这种方法称为"一放一干"制卤。"一放一干"制卤方法适合雨水多、晴天少的地区。

"一放一干"制卤的优点：成卤速度快。在多雨天气，能够满足结晶区对饱和卤水的需要。

"一放一干"制卤的缺点：单位面积成卤量比深水制卤少，且操作难度大。

（3）深存薄晒制卤

在雨季到来前，逐步将浓度相同或接近的卤水混合并保存，深度一般为 80～100 厘米，谓之"深存"；在雨季出现短晴天时，便把深存的卤水取出灌入预留的蒸发池中。灌池时卤水要浅、薄，这样晒制能迅速提高卤水浓度，谓之"薄晒"。

"深存薄晒"制卤的优点：深存的卤水抗雨能力强，能最大限度地防止卤水浓度降低和卤水数量减少，是保存卤水的好方法。同时，这种方法还能做到雨季制卤，即利用每一次"雨中见晴"的有利时机，通过浅灌池子，快制卤、多制卤，实现雨季保卤、制卤两不误。

"深存薄晒"制卤的缺点：深存卤水虽然能防止卤水稀释，但影响成卤量。所以，它只是雨季出现短晴天时的一种制卤方法，正常天气不会采用这种方法。

（4）"冰下抽咸"制卤

所谓冰下抽咸，简而言之，就是通过动力设备或自然落差把冰层下面的咸水（卤水）抽上来的一种方法，是北方冬季海盐生产常用的制卤方法之一。具体操作应结合当地冬季气温情况，确定冰卤水的浓度和深度。

"冰下抽咸"制卤的优点：这种方法可在冬季气温低、蒸发量小的情况下提前得到卤水。

"冰下抽咸"制卤的缺点：冰水处理困难，结冰后冰层继续增厚也难，同时冰面蒸发量少于同温度下水面蒸发量，故在生产单元内要求尽量缩小结冰面积，扩大蒸发面积，提高制卤效率。

（5）"流动蒸发"制卤

"流动蒸发"制卤是采取长流水的长条走水法[1]，一般走水流程超过 10 000 米，从第一步池起一直向下流。每步蒸发池设有闸门，用于控制流量，在流程间根据地势高低设置扬水站，流量由蒸发量和实际需要决定。最后一步获得饱和卤水，有些地方夜间蒸发力较弱、卤水浓缩慢、空气湿度大，为了保持各步池子中卤水的浓度及避免吸湿，一般夜间会关闭各步池子的闸门，不流动，待次日早上再打开闸门走水，但夜间如有较大的蒸发量时，仍应进行流动走水[2]。

流动走水需要蒸发池有良好的自然落差。一般末步蒸发池中卤水达饱和泄出后，再由下而上进行流动，避免不同浓度的卤水混合。

"流动蒸发"制卤的优点：卤水流动能扩大蒸发面，有利于水分子溢出，比静止蒸发速度快；不卡步，不晒滩，不留底水，可以较多地利用太阳能；在大面积的地形条件下，

――――――――――

①长条走水法：制盐工业常用语，指一种长流水、长过程的制卤方法。
②流动走水：制盐工业常用语，指全天不间断地走水。

可利用水面坡降，使卤水逐步向前推进，避免在短距离内造成落差，增加建筑费用；便于管理，减少人员，减少扬水站，提高劳动生产率。

"流动蒸发"制卤的缺点：操作技术要求高，技术性强，不易掌握。由于是一条龙走水，易造成混合现象，以致成卤慢；走水路线长，成卤周期长，如操作不当，卤水容易中途被雨水稀释，从而降低制卤效果；为了利用坡降，晒水较深，卤水浓度升高慢。各级池子流量也不易掌握，有偏大或偏小，必须经常检查，进行调整；由于池面高低不平阻碍了卤水的流动，转水较慢，保卤困难，所需时间较长；因全部蒸发池经常晒水，没有机会晾晒和维修池板，容易滋生有害生物，池板也易损烂。

4. 不同季节的制卤方法及措施

根据不同季节特点，采取不同的制卤方法和措施。在每季结束前都要为下季生产做好准备，使各季制卤工作衔接得当。

（1）春晒前的制卤方法

春晒前的准备工作是春晒生产的主要环节。初春，先将全部卤水进行摸底。在立春前后将各步卤水分别集中深存，空出池子进行晾压池板。根据天气情况，争取在春晒灌池前全面晾一遍，然后按照浓度将卤水分灌至不同的池中。为了避免降水损失，影响冬季制卤，一般不能将卤水全面铺开，应先提出一部分卤水铺底，以提高池板咸度。

（2）旺产季的制卤方法

旺产季的特点是蒸发量大，连晴天长，降水少，结晶区

61

需要饱和卤量多。一般晒水深度较深，应采取适宜的制卤方法。但也要有"晴天防雨"的准备。一般要一天一走水，根据天气情况也可两天或几天走一次水。走水深度由蒸发量大小、结晶池用卤量的多少及调节池、蒸发池各步卤水浓度来确定。既要保证结晶池用卤，又要保证蒸发池内卤水的浓度和深度，达到结晶池与蒸发池的供需平衡。此外，要利用沟壕、卤井及杂地制卤，扩大制卤面积，争取多制卤水，满足结晶区用卤需要。

（3）接近雨季的制卤方法

从旺产季转入雨季是一年中生产季节交替的关键时刻，掌握气象变化，采取有效措施具有十分重要的意义。

一般6月中旬以后，降水次数增多，雨量增大，迫使春晒走向结束。这期间晴天蒸发量很大，应抓住时机尽快实现"两变"，即低浓度卤水变成高浓度卤水，高浓度卤水变成盐。

平晒滩为了减少降雨损失，应当缩短扒盐周期，池中盐碴要减薄。由于扒盐周期短，结晶池用卤量将增大，池中卤水浓度要降低，达不到甩卤浓度要求时，泄下的卤水可拉入保卤井或保卤圈内深存，以备雨后将低浓度卤水换成高浓度卤水，或用于秋季卤水铺底。

由于降水采取措施排出的卤水，要根据浓度不同上返到不同的圈池使用，应尽量做到新、老卤不混合。

如果由于降水使卤水损失严重，已失去供需平衡，应主动缩小一部分平晒结晶面积，化盐碴制卤，抓紧赶制饱和卤水，满足结晶需要，剩余部分要拉入保卤井和保卤圈

大连制盐技艺

内深存。化盐碴制卤速度要快，可人工搅动，加速盐碴的融化。天气晴好时，可采取卤咬卤的走水方法。排出卤水时可以人工进行搅动，加速流动，便于将池内浑浊泥水排净，再输入新卤。

凡结束春晒的结晶池或调节池，如天气允许，都应尽量化盐成卤。

在蒸发过程中，各步池中的卤水要适当减量，以提高浓度。储水池可以根据情况少纳潮或不纳潮，抓紧时间赶制滩存卤水。有计划地做到大面积薄晒，小面积深存，可加快降雨前的保卤速度，避免或减少暴雨突然袭击带来的损失。

对塑苫结晶池，应抓紧时间将中级卤水和高级卤水赶制成饱和卤水，将制成的饱和卤及时加入塑苫池内，防止降水损失，保证雨季结晶产盐。

（4）雨季的制卤方法

雨季制卤要深存薄赶。深存是指部分蒸发池或保卤井可深存卤水；薄赶是指利用结晶池、部分调节池或蒸发池薄晒制卤。雨季降水次数多、降雨量大，连晴天少，但是在雨季中的晴天，温度高、蒸发量大。因雨季天气变化无常，很难掌握，除有条件的（半小时内能将卤保存起来）可以制饱和卤外，一般制初级卤水和中级卤水。为了迅速制卤，一定要薄晒，但以不露池板为原则。具体要求做到"三快"，即快保卤、快排淡、快返卤。

（5）秋季的制卤方法

秋季蒸发量由大变小，而且愈变愈小；风对蒸发量的影响增大，即所谓"春晒日头，秋晒风"。要注意"迎风加卤"，争取多制卤水。

在秋季到来前，应对滩内卤水全面摸底，低于海水浓度的滩内低度卤水应排出。雨季过后有条件的要有计划晾压，但时间不能过长，保证池板不松软即可。由于秋季蒸发量由大变小，制卤的深度要相应减少，具体情况具体掌握。

秋晒初期：一方面要对不同浓度的卤水进行分类排序，另一方面要积极整池灌池，两者应紧密结合起来。结合整池灌池进行卤水排队，把轻卤后撤、重卤前提，可利用泡池提高卤水浓度，供排队铺咸底用。保卤井所存重卤，经雨季后上层遭到严重稀释，但底层卤水基本上没有受到稀释。若灌池或结晶需要，可根据天气情况，适当地抽出一部分底层浓度高的卤水使用。但一定要慎重，因为这时北方的雨季虽已过去，但仍有较大的降水可能。制卤方法仍以深存薄赶为主。9月中旬以后，可将保存的重卤全部抽重留轻，投入秋晒生产，剩余上层卤水，可根据浓度拉入不同蒸发池中。

秋晒中期：秋天，连晴天较多，但是气温、蒸发量都日趋降低，要充分利用时机，抓紧制卤。秋季夜间较凉，早晨多露水，清晨卤水表面往往漂浮一层很薄的淡水。日出后，这层淡水逐渐蒸发掉，所以要在淡水蒸发后再进行走水，避免淡水与卤水混合，降低卤水浓度。走水深度应由蒸发量大小及结晶池需卤情况来确定，应保证供需平衡。

秋晒末期：在北方，准备越冬的结晶池的上步调节池和蒸发池要进行正常制卤。平晒滩准备结束秋晒的结晶池，一般到11月上旬要主动结束秋晒，化盐碴制卤水，利用残

留盐碴先赶制饱和卤水，再赶制接近饱和的卤水，最后赶制高浓度的卤水。可用人工搅动加速盐碴溶化，也可以在池中进行卤咬卤，增加卤水数量。盐碴化净后，要抓紧时间修滩整池，准备生产芒硝或制作卤水。

（6）冬季的制卤方法

冬季气温低，蒸发量小，风多且风速较快，应充分利用大风天，在低温下进行制卤。要迎着风咬卤，保度增量。咬卤深度要根据风力的大小和气温的高低来确定，做到风后卤水量增加，浓度不降低。咬卤时也要看风向，大风天蒸发量增大，最适于咬卤，深度可大些。从海洋方向吹来的风，风力虽大，但空气潮湿，一般不咬卤。

迎风咬卤的卤水浓度差要小，一般在 1~3 波美度。冬季制卤的结晶池深度要浅，当寒流来临时，下午或傍晚将卤落下，夜间避免芒硝从卤水中析出，寒流过后再重新制卤。

冬季制卤要尽量扩大制卤面积，缩小结冰面积。制卤要与生产芒硝产品相结合，既要多制高级卤水，又要为产硝准备卤源。

由于塑池或部分平晒结晶池越冬产盐，冬季需要供应饱和卤水。因此，在秋晒末期应尽可能多地赶制一批饱和卤水，以满足越冬结晶的需要。

5. 异常天气制卤的措施

自然条件下的制卤工作受天气制约。异常天气时，根据气象情况，有针对性地做好制卤的各项工作，是多制卤、快制卤、保好卤重要的环节之一。异常天气制卤应具体情况具体分析，采取相应的有效措施。

（1）大风天制卤措施

大风天蒸发量增大，有利于制卤，一般采取迎风加卤的方法，做到保度增量。在生产季节，结晶池应加深卤水，以保障盐质和增加产量。但大风可使调节池的卤水起混并吹来尘土细砂。应根据大风预报，在起风前将调节池饱和卤水加入结晶池，并将末步蒸发池卤水加至调节池。严防风后加卤，将混泥水带入结晶池和调节池。

（2）寒流天制卤措施

寒流天气温骤然下降，蒸发量小，除生产芒硝外，一般在滩内制卤区要大面积赶咸，防止蒸发池表面结冰，降低制卤能力。气温低时，一般中级卤水和高级卤水要析出大量芒硝，因此，可在风后甩硝①，以利于赶制析出芒硝的饱和卤水，这样对越冬低温产盐有利。

（3）降雪天制卤措施

降雪比降雨对制卤的危害大，处理更困难。因为冬季气温低、蒸发量小，要恢复正常的制卤秩序更慢。降雪天制卤措施与降雨天所采取的措施相似，一般小雪时不采取措施，大雪时首先要清除沟壕内的积雪，以便撇淡回收卤水，对低于海水浓度的卤水要排出滩外。对冬季准备生产芒硝的池子，一般不保卤。若时间较长还不来寒潮，而卤水又低于产硝浓度时，可将卤水放出，晾晒池板再灌入卤水，以免泡坏池板。用于赶卤的结晶池，大雪过后要防止雪水浸泡，使池板的咸度变低，要及时排出淡水，再灌卤增咸。

①甩硝：制盐工业常用语，是指将生产出的芒硝取走。

（4）降雨天制卤措施

① 保卤原则

强调保卤是因为从海水到制成饱和卤水，投入的时间、人力和资金是不小的，必须尽可能保护好。保卤与制卤同样重要。

保卤工作，就是与降雨作斗争。一方面在雨前及时将卤水圈入保卤井或进行深存；另一方面应将保卤后上层被雨水冲淡部分进行撇淡，将其排出去。保卤的原则是：蒸发池的卤水在雨前很快地全部进入保卤设备。一般先保高浓度卤水，再保低浓度卤水；要修整好保卤设备，保证保卤设备的质量。进入保卤设备中的卤水，既要防止渗透，又要避免被雨水稀释。若滩内存有储备的周转卤，要在雨后很快地提出灌池，做到迅速恢复制卤。

② 排淡原则

排淡工作能减少降雨造成的损失，及时恢复正常生产。排淡的原则是：滩内的雨水能很快地排出滩外；被雨水溶化的盐量和与雨水混合的卤水量越少越好；低于海水浓度的混合卤水要排入海中。

③ 返卤要求

返卤是降雨后恢复生产的一项重要工作。雨过天晴，要求迅速将保卤设备中的卤水，分别以不同浓度提出返回至各步蒸发池中。一般先返高浓度卤水，再返低浓度卤水。在设备允许时，尽可能将各种浓度的卤水同时返回，争取迅速恢复生产。

④ "三雨"措施

根据降雨预报，应做到雨前有准备，雨中、雨后有措施。具体做法，分为雨前保卤、雨中排淡和雨后迅速铺咸底。

雨前保卤，这是减少降雨损失的关键。保卤的关键在于排除淡水。中、高级制卤区，除确有大、中雨外，小雨不用保卤。因保一次卤就要提返一次卤水，短时间内卤水难以保完，即使排出部分的降雨，浓度也往往不低，反而会洗淡底板，得不偿失。所以，根据天气预报，小雨时可以不保，中到大雨要全面、彻底保卤。

雨中排淡，这是保卤效果好坏的具体表现。做法：按浓度排淡，先咸后淡，顺序依次为高级制卤区、中级制卤区、低级制卤区和咸头区。这样做可防止卤水与淡水混合，利于咸水回收。排淡必须与回收紧密结合，勤检查、勤测量，按不同的浓度，分别用不同的保卤设备保存卤水。如卤水被冲淡，低于进滩水浓度的卤水应彻底排出滩外。

雨后迅速铺咸底，这是恢复制卤的主要措施。大雨后，要采取逐步增咸的方法使其恢复原池板咸度。不要一次加深，应先提高池板咸度，再逐渐加深，尽量恢复雨前走水秩序。对于调节池，若降雨大、风较小、时间短，应采取撇淡措施，保护高浓度卤水，避免降低浓度，以加速制成饱和卤水，供结晶使用。

（5）台风天制卤措施

台风风力极大，常伴有暴雨，对盐业危害极大，可影响生产，破坏生产设备，甚至危害房屋和人身安全。台风登陆后，人无法下滩，因此在台风来临前要做好一切防御工作。台风季节，必须预先对堤坝以及其他防洪、防潮设备进行检查、修整，确保设备安全。在台风季节，应密切注意收听天气预报，在台风暴雨预报后必须立即行动，进行检修。同时，要组织好抢险队，准备好抢险工具。在抢险、保护工作中要注意人身安全。严防台风伴大潮一起袭击盐田，造成堤围崩塌，出现风灾、水灾。台风过后，一般天气转好，有连晴天，应抓紧时间恢复生产赶制卤水。

6. 结冻制卤

冬季气温低，蒸发量小，海水和比重稍低的卤水会结冰。因此，在初级制卤区不能依靠平面流动蒸发来浓缩制卤。在冬季低温期，可利用自然冰冻，使卤水中的部分淡水凝结成冰，减少淡水比例，促使冰下咸水浓度逐渐升高。

结冻制卤要掌握以下几个方面：

（1）结冻温度

结冻时的温度叫作冰点。卤水结冰时，浓度越高，冰点越低。这是因为浓度不同，比热也就不同。当温度下降时，浓度较高的卤水放出的热量少，所以不易结冰；浓度较低的卤水放出的热量大，所以易结冰。反之，当温度升高时，两种不同浓度的卤水，虽然吸收同样的热量，但浓度较高的卤水，温度升高得快些，结成的冰易融化；而浓度较低的卤水，温度升高得较慢，所以冰融化的速度也就慢了。掌握好不同浓度卤水的结冻温度，合理安排结冻卤水的浓度、深度和面积至关重要。

结冰初期，北方的气温很少能够达到10摄氏度，若一日一抽或两日一抽，每日3~4波美度的卤水结冰不会超过

3 厘米。这样既可以防止冰贴池板，又可以抽出高浓度的卤水。严寒时期，气温一般在零下 15 摄氏度，能结出厚冰，卤水应适当增多。

（2）盐田结构和设备

为使结冻制卤达到预期的效果，在盐田构造和设备上必须适合于冰下抽卤的需要。抽卤的盐田池底应坚实平坦，具有好的转水沟和池口相通，必须有足够的储卤设备（包括保卤井和高卤池），并有输卤、返输和排淡沟道，能将低于海水浓度的化冰水全部排入海中。各种扬水设备应根据冰下抽卤、输水、返水及化冰排淡的需要，安设适当位置。时时检修设备，保持抽咸池、储水池间的沟道通顺，便于输水、返水、抽卤和排淡。根据生产经验结冻制卤区一般安排在初级制卤区。在生产单元内要尽量扩大赶咸面积，缩小结冻面积。

（3）初结冰期的抽咸

初结冻期，气温尚不太低，一般夜间降温卤水结冰，白天升温又可化掉。抽咸的浓度较原来的浓度提高不多，而浓度较高的卤水不会结冰。为了避免低浓度卤水抽得太多而无处储存，可以缩小面积，把浓度高的卤水向后面排。若有大量的储水设备，可采用抽卤用冰撒淡的办法。在初结冰期抽咸一般有两种方法：第一种是在早晨把各个池中的冰下咸水完全抽干，白天再把融化的冰水根据不同浓度向后拉或完全排走。这种方法最省工，效果也最好。排走的化冰水越多，利用的蒸发量就越大。但化冰水易将池底泡淡。第二种是按步抽卤的方法。如五步蒸发池，首先把最低步（五步池）抽干，然后四步抽进五步，三步再抽进四步，二步抽进三步，一步抽进二步，由水库抽进一步。这样每个池子表面都漂浮一层冰，可在每个池子的下风头开一个撇淡口。待化冰时，淡水在上层随时可以流出去。这种方法的优点是池底不泡淡，缺点是抽出的咸水少，且费工。初结冰期抽咸能采取第一种做法较好，但应有充足的保卤设备或动力设备，否则就不能采用。

（4）严寒期抽咸

严寒期的抽咸方法主要有隔一抽一法、冻空间法、一步一抽法和分段抽卤法。

隔一抽一法：若用四个蒸发池抽咸，先把第三段抽入第四段内，第一段抽入第二段内。各段抽水均不抽干，按水深程度留一定数量的底水，除第一段抽完即时由上步补足外，下段抽完后当日不补充。第二天早晨再把第四段、第二段池中卤水分别抽出 50% 以上，加入下步池内，第一段不动，第二段和第四段也不补充。这样在天气不太寒冷的情况下，循环实行隔一抽一方法冰冻两昼夜。因卤水不深，故提高浓度较快。但抽咸时须注意检查浓度，若浓度未提高，或是提高程度不理想，达不到预定浓度时可以不抽。

冻空间法：若用四个蒸发池，应两个有卤水，两个干空；或三个有卤水，一个干空。夜间结冰后到第二天白天，把结冰池子的咸水抽到干空的池子中去，到晚上再把干空池子抽入的水放到前面结冻的池子中去，腾出空池子留待第二天再抽入上几步结冰池子的咸水。这种做法的要点是，空的池子夜间一定要干空，结冻的池子夜间一定要上水。这种方法的优点是抽咸浓度比较明显，咸水、淡水能严格分开。缺点是结冻面积被人为缩小。

一步一抽法：是由蒸发池逐池下抽。如四段蒸发池，先将第四段抽入下步池内，腾出第四段池后，再把第三段抽入第四段，第二段抽入第三段，第一段抽入第二段，又由储水池补足第一段。在抽咸时各段均不抽干，适当留底水，使冰板不致紧贴池底。这种方法的优点是结冻面积大，缺点是咸水、淡水不能严格分开。

分段抽卤法：按滩形构造和落差情况，确定分段抽卤，每段步数不要过多。第一天抽甲段，第二天抽乙段，这样可以防止抽咸时间拖得过长，影响效果。

（5）注意事项

一要在结冻制卤前制订计划，做好准备工作。应根据气象和盐田情况，制订结合实际的分期制卤行动计划，检修盐田和各种扬水设备，准备好冰下抽咸的工具，做好安全准备工作，以保证生产安全。

二要根据气温高低决定结冻池水深度。即气温高时要浅些，气温低时要深些。先抽高浓度池，必须在每日气温最低时进行。抽卤前要先检查卤水浓度，如果效果不大，浓度提高不多，则不抽。抽卤时注意不要把池口板全部拔出水面，以免卤水溢流到下步池冰的上面。

三要防止闸门被冻，使冰下抽咸无法进行。必要时每天晚上要进行池口碎冰工作。返水输卤所经过的沟道，在输完水后必须抽干，以免在沟内结冻影响闸门的开启和卤水的输送。

四要合理安排抽咸的面积与蒸发制卤面积。要严格掌握抽咸提高的浓度，尽量缩小结冻面积，尤其在生产单元内，以免影响中、高级卤水的正常晒制工作。

五要密切注意天气预报。根据不同气象情况采取不同的措施。冰下抽咸可分为初冻、严寒与解冻三个阶段。初冻以实行甩冰倒扬为主，并及时防止结冰面积扩大；严寒时要注意抓紧时机，及时、大量地抽卤，随时防止冰塌池底；解冻期以处理冰水为主，严格掌握卤水浓度，低于原料海水的淡水要尽快排出滩外。

7. 提高制卤能力的主要措施

如何提高制卤能力是制盐生产中非常重要的课题。在同样的设备和自然条件下，不同的生产措施和操作方法，会产生明显不同的制卤能力。大连制盐长期的生产实践获得了很多有益的经验，虽有一定的局限性，但可以互相借鉴。在实践中应结合当地具体情况，扬长避短，灵活运用。

▲挖口子（提高制卤能力采用的措施）

（1）主要措施

①争取纳进高浓度海水

海水浓度的高低对制卤影响很大。纳入海水的浓度高，单位面积制卤能力就强。此外，要做好科学储水，池底抽咸，充分利用水池、沟道制卤。提高进滩海水的浓度是提高制卤能力的有效措施。

②减少渗透损失

盐田渗透率的大小，直接影响制卤量的多少。因此，有条件的地方要采取压实防渗（池板硬化）、塑料薄膜铺底或生物技术防渗等措施，减少渗透量，防止卤水返淡，增加成卤量。

③尽可能减少降雨损失

降雨稀释卤水，浪费蒸发量，因此要最大限度地减少降雨损失。一方面增加保卤设备，雨前尽可能多地保卤；另一方面尽可能把淡水（浓度低于海水）排出滩外，尽快恢复生产。这是提高单位面积制卤能力的重要措施。

④充分利用自然蒸发，选择合理的制卤深度

充分利用太阳能和风能，采用深水蒸发制卤增加蒸发量。尽量减少池子空运转时间，扩大有效蒸发面积，提高制卤能力。选择合理的晒水深度是制卤工艺上的重要措施，只有深度掌握得当，才能充分利用蒸发量多制高浓度卤水。确定制卤深度，一般要掌握四条原则：一是根据蒸发面积与结晶面积的大小来确定制卤深度。蒸、结比例大的蒸发区跑水步数多，第一步蒸发池的晒水深度要深些；反之，则要适当放浅。二是蒸发量大时，晒水深度要深些；反之，则浅些。三是进滩海水浓度高时，可适当深些；反之，则浅些。四是连续晴天时，晒水深度可加深些；反之，则浅些。因此，根据客观条件的变化，合理选择晒水深度能有效提高制卤能力。

（2）注意事项

① 定期检查

每日走水前及午后均要进行一次浓度检查，以便掌握每日各段蒸发池卤水浓度的提高情况，防止各段卤水有脱节现象。估算每日生成卤水量，以便根据蒸发量情况做好适当安排。

② 把握时间

把握好走水时间，争取多利用自然条件蒸发水分。一般是每天早上开始走水，争取在中午前结束。应由下向上逐步卡放。走水次数一般为一天一次，不要死蹲不动，亦不要跑得过勤。如遇大风天、蒸发量特别大等特殊情况可灵活掌握，但次数也不必超过两次。在走水具体时间上应根据各季日照时间和气温酌情调整。夏季气温高、日照时间长，可在每日清晨早些时候开始；春初、秋末气温低、日照时间短，可在每日清晨稍迟开始；冬天则应在气温高时进行。

③ 增加制卤面积

为了使卤源充足，应实行沟渠养卤及广泛利用滩内空间面积养卤，尽可能扩大蒸发制卤面积，提高制卤能力。

④ 池板的维护

池板要常维护保持平整、坚硬，雨前便于迅速保卤，雨后能快速将淡水排干，以提高制卤能力。实行留底水制卤，要有计划地结合修滩对蒸发池进行晾压，尽可能避免池板松软，防止有害生物滋生，影响制卤效果。

（三）结晶

结晶是将饱和卤水灌入结晶池进行晒盐的过程，也是饱和卤水在结晶池中蒸发浓缩，析出氯化钠的过程。饱和卤水通常以浓缩到 30.2 波美度为宜，此时卤水中的氯化钠可析出近 80%。

卤水达到饱和浓度，就进入最后一道盐池，即结晶池。在结晶过程中，常有响声爆出，细看是晶莹的盐花在动，盐就是这样生产出来的。

1. 基本操作步骤

结晶的基本操作过程包括洗池、开池（灌池、开晒、开庭）、冲池（加卤、添卤）、活碴（松盐）、扒盐（扒收）和除混等。

（1）洗池

对准备用来晒盐的结晶池进行清洗、晾干碾压的操作叫作洗池。洗池的目的是清除池内杂质、压实池底、减少浮土，为晒盐做准备。洗池要结合走水制卤，先将池中卤水放掉，然后把混浊卤水排下沟，洗一次换一批清卤，洗池排出的混浊卤水要澄清后再使用。结晶池洗池后应达到硬、平、洁。

（2）开池（灌池、开晒、开庭）

将饱和卤水放入已准备好的结晶池晒盐的过程叫作开池，俗称灌池、开晒、开庭等。一般盐工说的开池包括两种，一种是雨后开池，另一种是由晒盐淡季转入旺季而不断扩大晒盐面积。在蒸发量大的天气里，用饱和卤开池；在蒸发量小的天气里，用漂花卤①开池。开池时卤水深度比正常结晶深度略浅，以便较快成盐。开池时间一般以上午为宜。在短汛天气，为了快成盐，盐工们会在开池时撒盐（俗称撒盐种）。

（3）冲池（加卤、添卤）

随着结晶卤水蒸发浓缩，卤水浓度逐渐降低，为保持一定结晶深度，就要补充饱和卤水。给正在晒盐的结晶池补充饱和卤水的过程就叫作冲池，也称为加卤或添卤。

开池后，卤水经蒸发、浓缩和渗透，体积变小了，不够结晶深度，需要添加适量的卤水。加卤应在气温低、蒸发量小的早晨进行。这时加卤不会影响调节蒸发制卤，气温低不易起混，可保持水清，还可减少硫酸钙的析出。

加卤时，使用漂花卤和饱和卤各有利弊：漂花卤过饱和度大，灌入结晶池会立即析出大量晶核；饱和卤可降低结晶速度，避免漂花卤灌池的缺点。但是由于卤水的饱和点很难掌握，易产生不饱和卤进池的情况，造成"扫口"化盐和"卤水睡觉"（即长时间不结晶），影响产盐量。

（4）活碴（松盐）

按蒸发量的不同，定期（一天或数天）翻动盐粒的操作称为活碴，也称为松盐。

在盐的结晶过程中，晶体不断变大，这时除底面积外，有足够的空间供晶体成长。但当盐碴联结成一片后，晶体只能向上生长，这会使晶体形状不完整。通过活碴，可将结合异常紧密的盐粒破松，改变晶体位置，增加晶体与卤水的接

①漂花卤：制盐工业常用语，指的是饱和卤的水面上漂一层盐。

触面积，使晶体各面得到均衡的生长，形成完整的晶体。在相同条件下，做好活碴工作，盐的产量和质量均有提高。

活碴的次数是根据季节、气温的变化而不断调整的。初春，温度较低，昼夜温差大，清晨有露水，活碴工作一般是在上午9时以后，待露水蒸发后进行；夏天，气温较高，活碴工作应在清晨进行，此时是晶体生长的最佳季节，应尽可能早地活碴；深秋与初春气候相似，活碴工作可参考初春的时间和次数；冬季，气温低、日蒸发量不大，活碴的次数可适当减少，两天或几天一次，以不死碴为原则。

活碴时，工作人员要穿戴好护具，不得光脚下池操作。行走时，工作人员要保持平稳，速度不宜过快，以防池内卤水起混，不利于正常结晶。在选择工具时，应选用合适的耙子，防止耙齿过长划破池板，造成污染。工作人员要经常检查工具，如有问题及时维修，保证活碴的质量和效果。每次活碴工作结束，工作人员应清洗设备，保持设备的洁净。

（5）扒盐（扒收）

当结晶池内产出的盐积攒到一定数量时（约每100平方米产盐1吨）就可以将盐收上来，这个将结晶池中的盐集中扒收起来的过程叫作扒盐或扒收。

春秋季，第一次开池后产出盐的好坏关系到整个生产季盐的质量，而每一次扒盐后留下的盐底，又关系到下一批碴盐的质量。因此，在实际扒盐过程中，要彻底除净池角的碎盐粒，留下大粒的、完整的、分布均匀的盐碴作为盐种。留碴的数量应根据生产季节随时调整：留碴过多，遇下雨天，化盐损失较多；留碴过少，不利于降低卤水的

▲扒盐 1

▲扒盐 2

过饱和度，影响盐的生产质量。留礤时，要注意池板的状态，适当控制盐耙的高低，尽量使盐礤匀整。

79

（6）除混

扒盐过程中，结晶池内会浮起泥沙，使卤水混浊；雨后，盐碴未化净被混泥蒙住；风沙天，结晶池内落入混泥，使卤水混浊……这时，需要把结晶池内的混泥除去，清点或换上清卤继续结晶，这个过程称为除混。

在海盐结晶管理方面，要求开池加水澄清，就是防止将杂质带入结晶池，影响结晶。泥沙等杂质附着在盐碴上，使水中钠离子、氯离子无法继续生长，失去了盐碴应有的作用；另有些泥沙还会改变晶体颜色，严重影响盐的品质。因此，收盐后要彻底进行除混，使盐碴白净、均匀，不露池板。此外，如发现池内混有泥蛋、泥片，要及时拣出。总之，除混是海盐生产过程中一项重要步骤，在具体的操作中要严格把关，避免影响海盐生产的质量和产量。

▲除混

根据结晶池板的情况、卤水的质量、饱和卤水数量和混泥的多少，除混可以分为局部除混和全面赶混两种。局部除混，一般在收盐或中小雨后，池板混泥较少的情况下进行；或卤水未达到排除浓度，在转水沟附近有较多混泥时，也可采用局部除混的方法。使用此方法时，池板中间不动，只将转水沟附近的混泥赶出池外即可。全面赶混，适用于卤水资源充足，卤水质量已经达到排换浓度，且池内混泥较多的结晶池。全面赶混的优点：除混与换卤结合起来，除混得比较彻底；全面赶混的缺点：使用新卤较多，且必须两人以上同时进行。

2. 异常天气的结晶处理措施

（1）降雨的处理措施

① 雨前措施

雨前对结晶区采取措施，既要减少盐的损失，又要尽量保住盐碴、保护好池板，以便雨后及时恢复晒盐。主要操作包括扒盐、蒙池、利用卤井保卤和开"片口"①等。

扒盐：如果结晶池水浅、盐碴薄，在有降雨预报时，要尽快将结晶池盐碴收起。结晶池水较深时，抗雨能力较强，一般不扒盐。但在接近雨季时要密切关注天气情况，缩短扒盐周期，抢在大雨到来之前，尽可能多地收起结晶池的盐碴，以减少损失。如雨季时产盐，要根据天气预报随时扒盐，防止化盐，造成损失。

蒙池：雨前将饱和卤水灌入结晶池，增加卤水深度，减

----

①片口：制盐工业常用语，指在坝上开一个口子，口子的底端略低于坝外的水面。

小降水损失。蒙池深度要根据雨量的大小、卤水条件、池沿高低等，以便保住盐碴，保护好池板。蒸发池要做好保卤工作，原则是先保浓度高的卤水，后保浓度低的卤水，最好是各段卤水分开保。保卤工作的好坏，直接关系到雨后生产的恢复，因此，要认真做好。

利用卤井保卤：卤井，接雨面积小，一般用来保高级卤水。在雨季前将饱和卤、高级卤尽量利用蒸发池保，如卤井的数量有限，不可全部保入卤井。若将滩内卤水全部保起，可采取同浓度相近卤水集中保存于蒸发池，用增加卤水深度、减少接雨面积的方法来降低卤水被稀释的程度。空头池应将池口打开，以便雨水随时排出蒸发池。

开"片口"：雨前或雨中根据风向、风速打开"片口"，利用降雨与卤水比重的差别，使上层淡水尽快流出池外，减少降雨损失。

上述各项操作，要根据当时的实际情况，如雨量大小、单元内生产情况等，灵活掌握，在雨前较短时间内迅速完成。雨前保卤不仅要在思想上重视，还要在行动上果断实施，且保持单元内各沟道疏通，平时要做好扬水设备的维修工作，确保保卤工作迅速进行。

② 雨中措施

雨中的工作要求做到"三勤"，即勤检查、勤收咸、勤排淡。

勤检查：要勤检查卤水浓度的变化，根据风向、风力大小，结合面大小调查片口高低，掌握片口卤水浓度，勤检查池沿和池口，防止损坏跑卤及淡水压滩。

勤收咸：要回收好结晶池片出的卤水，根据浓度不同拉入不同的蒸发池，随下随拉，尽量做到"雨住沟干"。

勤排淡：结晶池、调节池在收咸后浓度很淡，即要排淡。已经保下水的中级制卤区，如果浓度低于或等于海水浓度，要立即排出滩外，以免使池底泡淡，影响雨后恢复生产。

③ 雨后措施

雨后工作总的要求是"快"。要根据降雨稀释情况迅速采取各种措施，尽快恢复生产。雨后措施主要有以下几种情况：

原点结晶：若结晶池内卤水接近饱和，或仅上层稀释下层仍饱和，可将上层淡水撇出，留下原饱和卤水，待除混后，继续结晶。

泄轻换重：结晶池内卤水全部被稀释，若池内还有盐，应使用存有的饱和卤水或接近饱和的卤水，迅速将池内轻水[1]泄出，灌入饱和卤水，继续结晶。若单元内无饱和卤水，必要时可将部分结晶池剩余盐硪化尽，获得饱和卤水灌入有盐硪的结晶池，继续结晶。

整池重灌：若池内盐硪化净，池板浸淡，要重整结晶池，同时制作饱和卤水。待结晶池修整后再灌入饱和卤水，继续生产。蒸发区首先要做好排淡工作，将低于进滩水浓度的低度卤水尽快排出。

此外，要做好卤水排队工作，根据各步蒸发池情况安排不同浓度的卤水，将不同浓度卤水分别注入池中，以便尽快

---

①轻水：制盐工业常用语，指经雨水稀释后浓度较低的卤水。

83

恢复正常生产。

（2）降雪的处理措施

融化的雪不仅能使卤水稀释，还会降低卤水温度，增加芒硝及二水盐析出的可能。因此要根据具体情况进行认真处理。

对正在修滩或制卤的结晶池处理要根据实际情况，原则是要保证池板咸度，避免池板被雪水泡淡。在卤源较少的情况下，可让雪直接淋在池板上，使雪水随下随流，雪停后立即用接近原池板浓度的卤水冲洗池子，融化残雪，保证池板咸度。如雪量很大，可先组织人力清除积雪，再冲洗池子。在卤源充足的情况下，也可在降雪前用接近池板咸度的卤水蒙池，防止雪水泡淡池板。

冬季生产芒硝的池子，一般不泄，如雪后卤水低于20波美度，接着有寒潮到来时，可适当加入一些浓度高的卤水，提高浓度，以便冻硝。若时间较长不来寒潮，而卤水浓度又低于产硝浓度时，可将卤水排出，以避免泡坏池板。

当初春灌池后有降雪时，应当在雪前加深池子4~5厘米，保证盐碴，雪后根据降雪大小，可以泄干或撇水至原深度，防止因降温大量析出二水盐。

（3）风沙的处理措施

风能加速蒸发，对制卤产盐是极有利的，但风力过大就会带来不利影响，它不仅能将泥沙带入池中，使卤水浑浊，影响海盐结晶。而且风力过大会使卤水搅动，结晶环境不稳定，导致生成大量细碎盐，降低盐的质量。因此，风沙天要采取相应措施，减小由此带来的影响。

风沙来临前要淋湿池沿、机道①等，防止大风刮起泥沙。在结晶区，为了防止蒸发量急剧增大影响结晶，要适当加深卤水，蒸发区也要加深卤水，利用风力制卤，并要定期检查池沿，对险区进行修整，防止倒塌跑水。大风后，若蒸发量急剧增高，可加入浓度接近的饱和水，使之既不长盐也不化盐。大风后根据池内混水量的多少，要及时除混、活碴。

（4）寒流的处理措施

根据天气预报，在寒流前把产硝后的卤水灌足，争取一次把硝产好。对于制卤的结晶池和调节池进行迎风加卤，制作高浓度卤水，晚泄早灌，防止芒硝从卤水中析出。

预报有降雨雪的寒流天，应把露盐碴的池加深，以不露盐碴为宜，雪停后及时泄轻换重保住盐碴，若气温低可进行晾晒。制作高级卤水的结晶池要在雨雪前把卤保存起来，一般不动蒸发池和调节池。

（5）台风的处理措施

台风风力很强，常伴有暴雨，对海盐生产影响极大，不仅破坏制卤、结晶，还会破坏生产设备和溶、损存盐，对生产安全威胁很大。在台风登陆时，人无法下滩，因此需在台风来临前做好防御工作。

台风季节前，必须对堤坝及其他防洪、防潮设备提前检查、修整好，以确保安全。在台风季节应密切注意收听天气预报。在台风暴雨预报后，必须立即采取行动，及时做好收盐保卤工作。此外，应有计划地组织人力、物力，苫盖、加

①机道：制盐工业常用语，指两边结晶池中间的一段道路。

85

固盐坨，检修堤坝和涵洞①，收拾并保管好机械动力等设备。台风过后，一般有连续晴天，蒸发力较强，有利于海盐生产，要抓紧时机迅速恢复生产。

（四）收盐

将结晶池中的盐扒收起来，统一存放的过程叫作收盐。

1. 收盐的时间

收盐的时间要充分考虑产量、质量、劳动力、制卤以及降水等因素。一般说来，具体时间可参考如下：3月和10月，上午9时开始，11时结束；4月和9月，上午5时开始，10时结束；5月和7月，上午4时开始，8时结束。其他时间：如气温较低，为避免杂质析出，可选择中午或午后收盐；雨天，要赶在雨前收盐；正常天气，可选择在每日凌晨3时到5时收盐。

早晨收盐有很多优点，可尽量选择在早晨进行。

（1）减少结晶的时间。因为早晨气温低，结晶较慢甚至不结晶，利用这个时间收盐，减少结晶的时间。

（2）早晨收盐可平衡操作，有利于生产。因为早晨是一天的开始，工人们经过一夜的休息，已消除疲劳，这时收盐比较轻松。

（3）减少因雨化盐的损失。在产盐旺季，降雨多在午后，早晨收盐可减小午后因降雨抢收不及时造成海盐损失的风险。

——————————

①涵洞：制盐工业常用语，指一种排水孔道。

大连制盐技艺

（4）早晨收盐，有利于蒸发制卤。因为早晨收盐，结晶池撒卤、换卤等工作就可以在中午前完成，这时气温较低，可减少晒板时的蒸发量，并容易掌握走水深度。

（5）早晨收盐后，因卤水较清可减少杂质混入。

2. 收盐的方法

海盐生产是露天大面积生产模式，产量较大，应实行分片轮流扒收的方法。这种方法既可以实现天天有盐，又能较好地调节工人们的劳动负荷，还能减少因雨水等自然因素造成的损失。收盐时，用盐耙将盐从结晶池的各个方向统一扒收到中心堆起，再用泥箕挑进盐仓存放。

3. 注意事项

收盐时，因结晶池浮起泥沙较多，会使卤水浑浊；降雨后盐碴未化净，被混泥蒙盖；大风沙天，结晶池内易落入很多混泥。这时，需把混泥除去，剩下清卤或换上清卤继续结晶。在除混操作中要注意将盐碴推平整，以利于继续结晶。除泥是海盐生产过程中一项重要操作，如果不除尽混泥，则不但影响质量，也影响产量。收盐的除混与结晶的除混操作相同，分为局部除混和全面赶混。具体操作不再赘述。

（五）堆坨

堆坨，也称坨码，是盐业生产中比较重要的生产环节之一。管理不善损失的将是成品盐，因此，加强堆坨（坨码）已纳入重要管理环节。

1. 成码

收盐与堆坨，是海盐生产用人最多、最繁重的一道工序，

▲堆坨

主要包括收盐、吊盐和撩码。收盐时，用人工或运输工具将结晶池内的盐扒出后，存放到空地上，堆成锥形，用苦布或苇席盖上，防雨化损。

成码工作是一项技术性很强的操作。先要会估算，估算坨地将要码放的产盐结晶池的总盐量，再算存放这些盐的坨地面积能放多少盐。放盐的多少与码坨的高度和长度有关，坨码越高、越长，存放的盐量越多。

成型的盐码，表面看好像是一个倒下的三棱柱体，实际坨码的横断面近似等腰三角形。坨码的顶不是一条棱而是一条慢坡，这样成码既能多存盐，又方便苦盖，还利于码顶上管理人员的行走。

成码的关键在于撩码，撩码需要一位经验丰富、技术全面的专职撩码工。撩出来的坨码要求够高度，坨要挺直，肋要饱满，要平直，坡面无明显起伏，码坨要呈圆弧状与码身吻合。

2. 苫码

（1）苫码前的准备

苫码工作是坨码管理中的一个重要环节。苫码的适时非常重要，不能过早也不能太晚。苫码过早会造成盐水分过多，大量水分无法蒸发造成盐含水量较高从而降低主成分氯化钠的含量。在盐含水量较高时苫码会使水汽不能向外蒸发而凝结在塑布上，积累一定量时，水汽会回到盐码表面，大量水汽凝结的淡水会使坨码表层盐溶化，逐渐使坨码表层形成 10~20 厘米厚的硬壳，硬壳形成后就不再有蒸发进行了，这层硬壳会给销售带来不便。

苫码太晚也不行。因为苫码量很大，不会在短时间内完成。如果未苫完遇雨，那损失是无法估量的。因此，适时苫码非常重要。

（2）苫码的材料

盐坨多采用草帘、苇席或塑料苫盖。材料的正确选择对提高盐质、降低苫封成本有着显著成效。

（3）苫码的操作

苫码时间最好选在午后气温较高时，此时的塑料苫盖较柔软，有弹性。苫码时将塑膜拉平，温度高时将塑膜拉上，不易被风吹起。

①苫封前的检查

苫封前对坨码进行全面检查，要求坨码符合形体规格。检查重点放在坨码表面是否光滑、平整，有无凸出的盐块或杂物。如果不太光滑、平整，一定要加以修整。检查码顶是否平直圆滑，这对坨码苫封质量很重要。

②苫码过程

选定苫盖方向：苫盖坨码的方向一般从北向南苫或由西向东苫。因为各场的坨地方向不一，所以苫码前必须确定一下苫码方向，否则会在坨码管理中带来不必要的麻烦。

在坨码周围的坨地开一条沟，沟深30~50厘米，沟宽30厘米左右，将土放在旁边备用。这条沟是埋塑布多余部分的，拉紧后将多余部分全部埋入土中。

开始苫码，先从码脸开始，可以选一块幅面较小，又不够长的小块塑布，先将码脸苫好，这块塑布只要上码身1米左右即可，拉平拽紧后把多余布铺平，码下剩余塑布卷好放入挖好的沟中。然后苫码身，这块布一定要压住上一块布的布边，一般是压在80~100厘米，一定要注意码的两侧留布一样长，然后铺开拉紧。此时，可开始加固。加固的方法是将盐装入塑料袋，袋中只装一半，空余部分留作扎口之用。选好绳子长度，两头拴上扎好的盐袋，依次放到盐码上。靠近码脸的第一道固定绳一定要用最长的，要把压码脸的布边固定住。

拉固定绳和固定物，可在一点分三层固定，也可分成三点距离均匀地固定，注意固定时要保持坨码两侧的固定绳等长，否则会向较长的一侧滑动。同时，一条绳上的两个袋子尽量保持等重，否则很难固定住。

固定好第一块苫布后可依次苫封，每苫一块固定一块，防止苫布在苫封中被风吹起。一旦苫布吹起会造成塑布变形或被拽破，造成不必要的损失。当苫到码身的最后一块时留出2米距离先不固定，等先把码脸苫好铺平后用最后这块码身塑布压住码脸那块布后再固定。全部固定后，再检查一下各部位是否都按要求做好，并检查码下塑布，要求全部拉紧卷好放入沟内。

苫码工作全部完成后，用备用土填埋码下塑布，要用脚踩实，确认不会拉出后苫码工作完成。在填埋塑布时可同时打码，码沟要求在距坨码约 40 厘米处开口，沟宽 30～40 厘米，深 20～30 厘米。沟的两侧用脚踩实，码沟挖出的土可用来做码围，就是在坨码下方用土堆起一层土墙。一般码围有两种用途，一是加固码材料，使其在雨季不被大雨冲坏；二是在原加固的基础上再加些土以备不测。

码沟要求深浅一致，沟底平直畅通。要有多处开口直通落卤沟内，保持雨季沟内水流畅通，排水迅速。

三、海盐生产的盐田及工具

（一）海盐生产的盐田

人们利用海边的滩涂平地，修建成海水的池塘（储水圈），利用大海潮汐规律，在涨潮时将海水引入池塘内（储水圈），再利用太阳能和风能对海水进行蒸发浓缩，使海水中的氯化钠达到饱和析出盐。在长期的实践中，人们逐渐总结出制卤方法，将一个装满海水的池塘改成多个小池塘，使不同浓度的卤水（纳入盐田的海水叫作卤水）在不同的池塘中蒸发浓缩。在海水涨潮后仍不能达到的区域，围起堤坝，形成长方形和正方形的储水池，称为盐圈。盐圈按照浓度的大小依次排开，少则几个，多则几十个。盐圈里的卤水都有规定的浓度范围，达到一定浓度后，就放卤水导入下个盐圈。盐圈内的卤水是循环的，第一个池子是含盐量较高的海水，大一些，浅一些，便于蒸发。随着浓度的升高，盐圈越来越小，卤水（经蒸发后，浓度高于海水的水）每经过一个盐圈就蒸发浓缩一次，到了最后一个盐圈，盐就结晶出来了。盐圈与盐圈之间以水沟相连，即盐沟。海滩是有坡度的，越靠近岸边坡度越高，要将海水引进盐池，便掘以沟渠相连，它是盐圈之间换水的通道。每个盐圈都连着沟，沟沟相牵，圈圈相连，从而形成了海水制盐的盐田结构。

制盐体系：从储水圈到结晶池为一个制盐体系。结晶池以 5 步为标准为 10 个结晶池，每个池子 300～700 平方米，称为 1 付斗。1 个制盐体系有 3～6 付斗。

盐田主要由海堤、内堤、纳潮沟、储水池、蒸发池、调节池、结晶池、保卤井、池埝、盐道、池口门、坨地、坨地沟、沟道、卤井和卤圈等部分组成。

1. 海堤和内堤

海堤和内堤是保护滩田的堤坝，其中向海一面称为海坝，也称海堤，用以抵挡海水浸入盐田；向陆的一面称为内堤，也称旱坝，目的在于阻挡淡水浸入盐田。

2. 纳潮沟

引导海水进入纳潮站或盐田的沟道称为纳潮沟。纳潮沟长度及断面大小，依据盐田地势的高度和原料海水的需要量等条件而决定，有的长度达数千米，有的几百米；其上口宽度有的 10 米，有的甚至达数十米。海水经纳潮沟引入后，再用动力汲入盐田内部。

纳潮闸门设在海堤与纳潮沟相交之处，以控制潮水。其大小根据需要纳入潮水而定，多为钢筋混凝土制成；关闭多用螺旋式，有的为了排淡设有双门，使雨水由上部流出。从闸门纳入的海水，分散到盐田内部各储水池。

3. 储水池

盐田系统中用于储备原料卤水的池子称为储水池。海水

93

经由扬水站汲入，或由纳潮闸门流入并储存于储水池内。储水池位于盐田最高处与蒸发池和送水沟道之间，其面积的大小、堤堰的高低，根据所需储水量来决定。这种储水设备的设计分为两种方式：一种是集中建设以供各生产小组使用；一种是分散的，每个生产小组各设有储水池，储存本小组使用的海水。

4. 蒸发池

蒸发池是指盐田系统中用于浓缩卤水进行制盐作业的池子。蒸发池位于储水池和结晶池之间，用于浓缩卤水，分为两部分，一部分为蒸发池，一部分为调节池。蒸发池划分段数有多有少，多的达 10 段以上，少的有 6、7 段。由上而下顺序排列，称为第一段蒸发池，第二段、第三段蒸发池；后几段蒸发池有时称为第一段调节池，第二段、第三段调节池。池与池之间均以土埝分开，称为池埝。各段均有落差，便于走水。

5. 调节池

调节池是指盐田系统中蒸发区与结晶区之间，用于澄清饱和卤水和调节蒸结比的蒸发池。

6. 结晶池

结晶池是盐田系统中饱和卤水蒸发析盐的池子。结晶池位于蒸发池与坨地之间，为结晶区。结晶池面积大小不一致，一般来说，较小的 5 公亩左右，较大的 10～30 公亩。

7. 保卤井

保卤井是储存蒸发池或结晶池卤水，减少降雨损失的设施。保卤井可分为两种：一种是保存卤水的叫作保卤井，

一种是储存苦卤的叫作苦卤井。卤井设置于蒸发池或结晶池中间，便于放入或汲出卤水的地点。其容量大小决定于所需存卤量，一般深度约为 1~2 米，卤井越深而井口面积越小对于保卤越有利；但由于地下水和动力的扬程关系也受到一定的限制。为了防止漏卤和保持其耐久性，其周围和底部用黏土掺和石灰夯实。

8. 池埝和盐道

池埝是盐田内部各池间的小堤，把滩内分为若干池格，分成储水、蒸发、结晶等各部分，使各池水按浓度不同严格分开。结晶区内收运盐的道路称为盐道。

9. 池口门

池口门也叫闸门或池口子，就是各池子的闸门，在进水或泄卤时使用。

10. 坨地和坨地沟

坨地是指堆放海盐的露天场地。坨地沟是用于排除盐坨淋卤和降水的沟道。

坨地位于结晶池与运输沟（或运输路）中间，作为堆盐之用。坨台地势常高于结晶池 1 米以上，以防止洪水溶解产品。坨台的中间高，四周略低，使产品堆积时所淋下的母液便于流出。

11. 沟道

盐田原料卤水输送和排淡主要依靠沟道，好比人体内血液流动依靠血管一样，生产单元内沟道纵横，根据它们的作用可分为两大系统，一部分主要负责输送卤水称为输卤沟，另一部分主要负责排泄卤水称为落卤沟。此外就是排淡系统的沟道了，包括各种沟渠：

（1）输卤沟是盐田系统中将卤水送入各类池内的沟道。输卤沟位于结晶池的中间，与蒸发池最末端相连。

（2）泄卤沟是盐田系统中排泄池内卤水的沟道。泄卤沟位于结晶池的两边，为泄出结晶池母液之用。

（3）返卤沟是盐田系统中将水返回各步蒸发池的沟道。

（4）排淡沟是盐田系统中排除淡水的沟道。排淡沟作为盐田内部雨水及时排出滩外之用。排淡系统一般在两个小生产单元中间设有排淡小沟，另设有总排淡沟，与各小沟相连，通过总排淡沟将盐田内的淡水排出盐田外。

（5）转卤沟是盐田系统中池内四周略低于池面，用于走水、泄水作业的沟道。在蒸发池、结晶池内都设有转卤沟，以便于露水的流动。结晶池内的转卤沟又名哨沟。

12. 卤井和卤圈

海盐生产是受天气影响的行业，要想制成的卤水不被雨水稀释，生产单元内需要有卤井和卤圈。卤圈一般设在蒸发区，选定距离扬水设备较近的蒸发池，加高池沿，增加存水量而成。平时为蒸发池，需要时用来保卤。卤井一般设在结晶区，深度较大，一般一米以上，专门储存高浓度卤水。

以上介绍的盐田特指盐田的土建设备，由于过去的海盐生产多是肩挑担、人抬筐、手推车的人工操作，鲜有动力设备，故对此不予赘述。

（二）海盐生产的工具

1. 活碴大耙

木制，耙宽 2~2.5 米，背上安有 1~2 个行走脚轮，拖动时便于行走。上有竹板或钢筋制成的耙齿，钢筋直径一般为 10 毫米。耙齿的长短和间距目前尺寸不等。耙齿长短不等目的

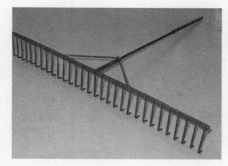

▲活碴大耙

是池中盐层薄厚不等，盐薄池子只有用短齿耙活碴，这样既省力又可保护池板不被划破，而盐厚池子短齿耙子不能活碴到底，就得用长齿耙子活碴。一般耙齿短的耙子要宽些，耙齿长的耙子要窄些，总之宽工作面效率高，窄工作面效率低。

2. 混耙

木制，耙宽 1.1~1.5 米，耙高 15~20 厘米。木质手把，长约 1.5~1.8 米。主要用于平盐碴和结晶池除混。

▲混耙

3. 刷耙

木制，耙宽 0.8~1 米，耙高 20 厘米。木质手柄，长约 1.5~1.8 米。主要用于收盐和堆垛。

▲刷耙

4. 筒锹

铁质，呈梯形，上边宽约12厘米，下边宽约15厘米，高约25~30厘米。木质手柄，长约1.2~1.5米。筒锹是制卤工的必备工具，用于挖口子、堵口子。

▲筒锹

5. 石碌子

石头材质，长约0.8~1米，直径12~15厘米，用粗钢筋将两头固定，拴上绳索，人牵拉绳索移动。主要用于修滩时压实池子。

▲石碌子

6. 抬筐

柳条编制，大小不等，收盐时运盐的主要工具，小一点的盐工肩扛运盐，大一点的两个人用扁担抬运盐。

▲抬筐

7. 独轮车

整车车架木制，大小不等，轮子采用橡胶轮胎，是收盐时运盐的主要工具，一个人推着即可完成运盐任务。

▲独轮车

8.拍子

铁质，呈长方形，约20厘米×30厘米。木质手柄，长约1.2～1.5米。此工具主要用于做池坝时拍实泥土。

▲拍子

9.柳斗

柳条编制，呈锥形，两边系上绳索，是早期取水的主要工具。使用时需两个人，同时牵着绳索，将柳斗放进水里装满，牵着绳索拉出来，倒入旁边

▲柳斗

的一个地方，如此来回反复取水。使用时两人必须默契配合才可。

（三）盐田的修整

1.修整的意义

海盐生产中盐田的修整，对于提高海盐产量、质量和降低生产成本有直接的关系。因此，这是一项十分重要的技术操作。盐田的修整包括对结晶池、蒸发池、蓄水池、保卤井、池埝盐道与淋坨、输卤沟、回水沟、落卤沟、转水沟、保卤井、纳潮沟、坨地等的修整。盐田设备无备用的，只靠修整和维护。此外，扬水、塑苫、收运盐、堆坨、压滩等采用的机械设备，除应进行维护检修外，设备还要有备用的，也可更新。

总之，盐田设备修整的目的是恢复和提高生产能力，防止生产中发生事故，以获得更好的经济效益。

▲修坝

2. 修整的准备

新建盐田的修整工作量大，技术性强，要求高。这是盐田设备修整的基础，与生产关系很大。投产后的盐田一般以维修为主，多在生产淡季或旺产前进行。无论是新建盐田还是旧盐田的修整，都应遵守盐田修整的科学规律，遵守一定的技术操作要求，必须做好修整前的准备工作。

（1）制订修整计划

对新建盐田或已投产盐田的修整，要根据气象条件、海水卤水条件、土质好坏、人力和修整机械的多少来制订修整计划。对新建、扩建的盐田要做到边建、边修整，边投产、早实现经济效益。对已投产的旧盐田，在开始整池以前要全面检查滩存卤水，根据卤水存量的多少进行整池。一般来说，先修好池子，后修次池子；先修靠近坨台的池子，后修远的池子；天好时先修池子，后修沟，天不好时先修沟，后修池子。做到保质、保量地修整，及时、正常地投产运转。

（2）准备原料

新建、扩建的盐田要用足量的海水，做到边修整、边制卤、边投产。在修整结晶池时要用很多不同浓度的卤水。池子修好后又要大量的饱和卤灌池，天气异变时，保护池板也要用很多卤水。因此，卤水的准备也是一个很重要的课题。没有准备充足的原料，就不能保证修整工作的顺利进行，也不能及时投产开晒。

3. 结晶池的修整

结晶池的修整是技术性强且比较繁杂的操作，对盐的产量、质量都有很大的影响，应引起足够重视。由于使用年限、成熟度土壤性质、含盐量多少、保养情况、气象条件，以及工人们的操作习惯与经验的不同，修滩方法也不一致。

（1）步骤

一般说来，结晶池的修整方法可分为泡滩、除泥、晾池子（停晾）、压轴（压淡子）四个步骤。

① 泡滩

泡滩的目的：溶解池内盐分，如氯化钠、芒硝水盐等。使池板达到适当咸度，并要求上下咸度一致。

泡滩的做法：在泡滩过程中，池板土层下上咸度不等时会使上下层土壤的膜状水厚薄不等，使池板发生膨胀和收缩，造成"上软下硬"或"上硬下软"现象。应根据池板土质情况，掌握泡滩用的适当浓度。过淡，易变脆，开裂，黏结力差，水分蒸发快，出现卷皮现象，生产时经重卤浸泡，使膜状水外渗，土腐烂；过咸，水分不易蒸发，压实过程中氯化钠结晶析出压入池内，影响土颗粒的接近，使密实度减小，达不到要求。

泡滩的原则：池板杂质多、松软，泡滩用卤浓度要低些。如冬季池板保护得好，未退化，仍具有一定的坚硬程度时，泡滩用卤浓度稍高。黏性土比砂性土泡滩时间稍长些。

泡滩的注意事项：泡滩是作池子的第一步，应根据卤源来计算泡滩数；开始时要掌握适宜。用卤浓度和泄卤浓度要适宜；泡滩用卤要掌握逐步由淡而咸的原则；泡滩深度以没过原冻硝水印记为限，过深泡滩时间长，影响制卤；过浅不易浸出与清除泥中杂质；泡滩如遇雨雪冲淡水浓度时，雨雪后应另换新卤重泡。

② 除泥

除泥的目的：池板经卤水浸泡后泥土浮起，以及大风吹起尘土落入池内，这些浮泥与池板不能黏合，故在泡滩后必须将浮泥除去。

除泥的做法：除泥以前，先顺埝边用木耙搅动卤水，润湿道埝，然后将池内卤水泄出，开始除泥。除泥时先从灌口横头推向落口，掌握从高处向低处推，要一耙压一耙。一遍除泥不行，可再除两遍。除泥后池中有脚印，凹凸不平，为了使池板易于干燥平坦和便于滚压，要进行抹平。抹平由一人用抹池木板推抹，可随除随抹，池板必须平整光滑，抹平后的池子不要残留足印。

③ 晾池子（停晾）

经过泡滩后的池子，池板内水分很多。通过停晾利用自然蒸发，降低土壤含水量，使池板咸，便于压实，停晾时必须注意火候，一般以不粘碌子为准。停晾时间过长，

造成池板开裂，不易压合；停晾时间过短，池板不能上子，人易踩出脚窝，都给操作带来不利影响。

④ 压轴（压淡子）

压轴又称压淡子，池板压实的目的，在于压出土壤内的多余水分，达到或接近最优含水量，使土壤达到最大密度，提高池板抗压强度，使池板少起浮泥或不起浮泥，减少渗透。

▲压轴

（2）方法

结晶池修整的几种处理方法：

① 池板过淡

池板过淡，土内黏结力差，加之水分蒸发快，土发脆易开裂口，进而卷皮起角，一经使用就松软。调整方法：因泄卤浓度过低引起，因此应将原浓度的卤水灌入池内，使卤水浓度提高至要求浓度（砂性土比黏性土泄卤浓度略高）后，

103

再泄出晾压。

② 池板过咸

池板过咸，经晾压后，池板表现软，表层土发黑，一般不裂口，经使用后也松软泥烂。调整方法：因泄露浓度过高造成，处理上应比池板过淡更要注意，可将比原泡池更低浓度的卤水，经赶制至略低于上次泄出的适宜浓度，再进行晾压，待池板浓度达到要求后才可投产。

③ 池板上咸下淡

池板上咸下淡即上软下硬，池面呈灰黑色，原因是泡滩用浓度高的卤水。随着重卤下渗，下层土壤水膜减薄经不住扒盐，此时应用比原泄水浓度低 1~2 波美度卤水重泡，待升到原来浓度时泄出，晾压。

④ 池板上淡下咸

池板上淡下咸的现象是池面发白，用脚踩试上硬下软，停晾稍长会出现裂口横开或斜裂，裂口上宽下窄或口边分裂。原因是池底泡滩时未待过多类盐浸出土壤即泄掉，或在修滩时遇着雨雪把池面浸淡，未用卤水泡好即行晾压后，很坚硬，用后破皮碎裂软烂。调整方法：应用上次泡滩泄下来的卤水再泡一昼夜，然后再进行晾压。

⑤ 冻池子

在冬季低气温下，可能产生冻池子现象。一种是池板被冻坏上卤水后会软烂。应区别不同原因进行调治，一般将原池内卤水全泄出，灌入略高于原池卤水浓度的卤水，进行蒸发制卤逐步提高浓度，再泄卤后停晾，重用中轴、大轴压实，以达要求。另一种是冻起浆包池子。这种池子

因地下水较大，一遇严寒，地下水结冻成冰块，膨胀后鼓出池面，俗称为浆包。调整方法：待温度升高、冰化后，才能进行做池。要把起浆包的地方周围挖开，以加速融化，待化开后，再进行泡、晾。这种现象应在事前防止，即在入冬前结合制卤，用不结冻浓度的卤水灌上，卤水可深一些。在生产单元的蒸发池尽可能扩大赶咸面积，防止冻冰贴池面，就可以防止冻结成浆包。

⑥ 拱池子及破皮池子

结晶池修整完毕后，经灌卤结晶，有时会发生拱池子、破皮池子及烂池子等现象。拱池子即池面凸起曲纹；破皮池子即池面起泥片。其原因是：池板内混杂的芒硝未化净；压池时过急；遇雨雪时处理得不好；灌池开始压时卤度过低；灌池卤水浓度过低，或灌池后被雨雪冲淡未能做适当的处理。这种池子利用晚间融化盐底，白天进行修整外，凡损害较轻的池子，可用延长结晶时间（俗称抗大磕），减少扒盐次数、留盐底子的办法继续晒盐，待遇雨时再行另做处理。但在降雨前必须将卤集中起来，尽可能利用雨水融化盐底，然后按下列方法调整：

拱池子：化掉盐磕，待化盐水达到 18 波美度左右泄出，推出浮泥，晾晒后灌入 22～23 波美度水，待达到 24 波美度时再晾压即可。

破皮池子：化掉盐磕，待卤水达到 22～23 波美度时泄出，推出破皮、浮泥，晾晒后压 2～3 次即可。

烂池子：与做拱池子方法相似，但因咸度较大，必须用较淡的卤水浸泡，使上下一致，然后进行晾压。一般可用

12~15波美度卤水泡。

⑦ 烂转水沟的池子

这种池子是转水沟松软而成，其原因是泄水未泄净，沟内窝卤。调整方法：在泄完灌池水以后，趁池板未干，根据池板的咸淡，向哨沟内放入8~9波美度的卤水。放入时要用口板逼住，慢慢地灌，不使卤水到池面上。泡两天后，浓度升高到12~13波美度时泄出（最高不得超过15波美度），并站在池沿上把转水沟向外抹匀，然后可再行停晾。

4.蒸发池的修整

蒸发池修整的主要工作是清除淤泥、苔皮、杂草，压固整平，以减少渗透损失，提高蒸发效能。

蒸发池是制卤的主要设备，常年经水浸泡，池板含水量增多，造成池板松软、热能利用不理想、渗透损失增大以及池沿久经卤水、雨水冲刷逐渐下淤，缩小了蒸发面积，有的还使原有落差发生变化，影响正常走水制卤。因此在生产过程中必须有计划地修整蒸发池，增加池板密实度，减少渗透，恢复面积和落差，提高制卤效果，满足生产需要。

结合海盐生产季节性强的特点，在不影响蒸发制卤的前提下，一般把蒸发池修整安排在春初、伏季和秋冬季进行，各个季节的整修重点结合生产需要各有侧重。

春初要抢在结晶池修整前把卤台整修好，在停、晾的同时，要清淤转水，池沿要拍打，使池板坚实、平坦、坝体坚固，整齐，池板浮泥，碱皮要除净。与此同时，结合卤水浓度情况，压固好蒸发池。

伏季要集中力量抓住短晴天，结合制卤，有计划地抽

晾蒸发池，清除苔皮、藻草、抢平、压固，同时做好清淤转水、整修坝体的工作。

秋冬季应结合疏通道重点搞好整修坝体的工作。为保证生产的正常进行，在整修蒸发池时应根据劳动力情况，采取集中力量打歼灭战的方式，修一个，完一个，不要一次铺的面积过大影响正常制卤，需重视以下几个方面。

（1）蒸发池池底的压实

土壤中含水越多，土壤比热增大。池板松软说明其中所含水分较多，比热也就增大，因而，池板松软将会影响蒸发。对蒸发池压实除了减少土壤含水量，提高蒸发量外还可以减少渗透。因此，蒸发部分池板的压实工作是增产的一个重要措施。

若是已压过的，则在秋初修滩前，雨季以后，泄出池水，推出浮泥，进行停晾，至可以上时压两遍即可。池板若能上压池机，则一律用压池机压实。若是未经压过的池板，则在雨季中用雨水浸泡，使土中咸度降低，推出浮泥，拉出碱皮，雨后停晾，待能上木磙时，则用木磙压。蒸发池的压实工作，一般由调节池部分开始，逐渐向低浓度蒸发部分修整。一次晾晒的池子不宜多，要根据人力情况采取突击方式，晾一个压一个，以免影响蒸发制卤。一年内每个蒸发池能压两遍以上。

（2）蒸发池中海藻、碱皮等的清除

低浓度卤水蒸发池系统中，形成的生物体系对盐的产量、质量有的有利，有的不利。在不平衡的生物体系中，因管理不当，苔类、海藻（浮游蓝绿色藻类）起支配作用，对海盐生产有害。大量生长的海藻，有的覆盖池面，有的浮于水中，阻碍池内卤水的流动，妨碍热量扩散，使池内卤水上下层温度有较大的差异。在满布苔、藻的蒸发池内，表面水温度比下层温度要高 2～5 摄氏度。由于大量海藻、青苔等也要吸收太阳的热能，使太阳热能受到损失，影响蒸发。

在高浓度卤水区域的蒸发池内，常常沉淀很多的硫酸钙与土混合在一起，俗称碱皮。碱皮堆积于蒸发池板上，并不与土黏合在一起；在碱皮与池板之间包有大量卤水，这样会使太阳的热量难于达到皮下层的卤水中，并且影响卤水的流动，因而影响卤水的蒸发，尤其不利于保卤及排淡的要求。苔、藻碱皮聚集池内，影响蒸发，必须铲除。通常盐田隔一、二年必须清除一次，其方法是用小铁耙把藻捞集一堆排除。捞苔要彻底干净，以防它继续繁殖，但同一池内进行除苔操作过多时，可能使池面降低，致使各段蒸发池部分落差起了变化，所以除苔时要注意轻轻拉耙，少带泥土。另外，排入适当苦卤或重卤到低浓度卤水的池内，也是防止苔、藻繁殖的办法。在天气干燥、晴天无风时晒池板，也可把一些海藻晒死，然后排除。碱皮如过厚，达 1～2 厘米时，可用耙或铁铣集中在一起除去，与黑泥掺和可用来垫池子；如碱皮不多，可用耙推开抹平，或用钉铁钉的木板拉碎，然后用水验平，经过晾晒，压实，使其与池板结合在一起。

上述碱皮、海藻、苔的铲除方法是最简单的方法。这种方法除碱皮效果最好，而除海藻、苔则效果较差，特别是对大面积的储水池、蒸发池，效果更差。由于藻类对盐产量、质量的影响较碱皮大得多，为此下面进一步对藻类的生长与去除方法加以叙述。

蓄水区、蒸发区等生长的海藻种类很多，有蓝藻类、藻类、洼藻类之分，繁殖力很强，阴雨天繁殖最盛，所以在雨水较多的地区生长较多。但在强光、低温、干燥情况下，或卤水比重达8波美度以上时，则不能繁殖，故在连续晴天的6、7月间停止繁殖，冬季则死亡。

有机物质多的海水、卤水有助于海藻的繁殖，河水中有机质较多，故海水与河水混合后海藻易于生长。海藻在池内生长最多的区域常是泄露的池口，或池内低处。池板低洼区域常常积水，降雨后这地方的淡水不易排干，又因为海藻的生长阻碍了排水与黏土粒子的流失，因而造成池板松软，使海藻大量繁殖。地下水位较高的盐田，淡水常常渗入，也适于海藻的繁殖。排淡设备不好，降雨时不能及时排出淡水，使海藻种子随淡水越过池埝，因而扩大了海藻的生长范围。

盐田设备的好坏与海藻的生长有密切关系。一般来说，池板坚实平坦，排淡设备好、落差好的，可以减少海藻的生长。海藻种子多数是由海水黏土带来的，因此海水纳入后加以过滤可以防止或减少海藻的生长。在海水入口处设简易沉淀槽或过滤槽，使海水中黏土沉于槽内，就可减少或防止海藻种子进入盐滩的机会。

（3）蒸发面积的恢复与落差的检修

蒸发部分修整的另一个重点是复原蒸发面积。有些盐田使用年头久，池埝久经冲刷渐行下淤，成为较宽的斜坡，严重的有宽2~3米。在赶卤时，卤水到不了池沿，因而蒸发池的周边形成了空地，在无形中缩小了蒸发面积，修整时应

特别注意。应结合池维修，将这部分冲淤泥土，仍用以修池埝，以便保持原有面积和池埝规格。

各段池间应保持一定的落差，以保持卤水自然流动，并要维持一定的流速，如发生落差不良的池板，要注意填补或修改。一般 150 公亩的池子落差为 6 厘米，30~50 公亩的池子落差为 4~5 厘米。落差大小应根据工艺设计，操作要求确定。

5. 池埝盐道与淋坨的修整

在泡滩时经常用卤泼浇池埝、盐道与淋坨，以使这些部分湿透，并化尽残硝，冲净浮泥、泥块等杂质，抹平浪窝。必要时，用灌卤沟内的熟泥抹垫池、盐道、淋坨。这些部分应在压池子时一起压好，使其平整、坚固；不能压到的地方用拍子拍打坚实，并要根据池子的大小使之达到一定的规格。池埝亦应根据需要修到一定的宽度，采用砖或石块等护坡时，发现塌陷或脱落应及时维修，砖坡每年入冬前用池内高浓度卤水浇泼一次，以防严寒时结冻，发生粉化。

灌卤口、落卤口位于池角旁，应与池埝同时修整。修整时用泥要与池埝咸度一致，并要拍打紧密。灌卤口、落卤口池子各两个，面积更大的结晶池可以开三个落卤口。

6. 输卤沟、回水沟及落卤沟的修整

这些沟道经过冬季失修难免淤塞坍塌，为使卤水顺利流通，必须加以挑抹，达到适当的深度。沟内用水泥抹帮，用拍子拍打坚实，沟底凸凹不平之处也应找平，以免窝卤或卤流不畅。沟道的规格大小均以能满足需要为准。

7. 转水沟的修整

平晒结晶池内转水沟俗名哨沟，有下列作用：起风时卤水在哨沟内转动，不致被吹集一头，而另一头盐碴露出水面；新添的卤水和原有卤水容易混合；扒盐时容易洗涤；扒盐后易于赶混；可缩短换卤、泄卤、排淡时间；可减少卤水表面生成盐盖。

在修整结晶池池板时必须修好转水沟，其深浅要结合池子大小来确定。一般500平方米的池子，转水沟宽可达1米左右，深度从灌口横头起为2厘米左右，逐渐斜下至落口深达3厘米左右，形成斜坡形，沟角要圆。当蒸发部分沟壕池埝经水、雨水、风浪的冲刷，而发生坍塌或淤塞不平时，应进行修补。修补方法一般是挑沟内的熟泥培修池埝，用拍子拍打坚固，各沟壕底根据深浅规格逐段进行找平，不使窝存水。

蒸发部分的池子不论蒸发池、调节池或储水池均有转水沟，其作用在于使池内卤水得以转动与走水方便，在转动时或多或少地要起波浪，因而增大对太阳照晒的接触面，使吸收太阳辐射热的机会增多，促进蒸发效能；同时还可防止大风天卤水被吹到一边。

蒸发池内的转水沟经过长期使用，要发生淤塞或变浅，因而影响卤水流动；但有的转水沟因每年修滩时取土培埝造成转水沟过宽过深，因而积存卤水很深，也会影响蒸发。所以应注意修整转水沟的深度与宽度。

8. 保卤井的修整

由于滩地面积与构造不同，保卤井的规格不能做统一规定，但一般须掌握以下原则。

全滩保卤设备应分开段落，以减少不同浓度卤水的混合。保卤设备供雨前保卤使用，所保卤水应尽量能自然流下。保卤设备不可靠近淡水圈池，并应接近扬水设备。保卤井的深浅要适当，如果地下水的影响较小，可以尽量挖深，在动力设备扬程以内即可。保卤圈的埝必须高于其他圈埝，以免大雨时流进淡水。保卤井使用一年而淤塞时，要进行挑挖复原，并要夯实。几种常用的挖修方法如下：

（1）黏土或石灰土围墙防渗法

第一步，在卤井位置四边挖一条宽0.4~0.6米的垂直沟。深度比卤井深增加30~40厘米，挖沟要与夯实相结合，同时进行，即挖一小段沟就填入海黏土或石灰土，每层20厘米，分层从下而上夯实。为了避免降雨积水及地下水的渗出，开沟时不宜全面动工，应使所挖的沟长与当日的工作量平衡。当日挖，当日填，当日夯实。四周的围沟在施工完成后，第二步，挖卤井，卤井与边坡比例为1:1。如果有现成的卤井，则在卤井基边坡上晾晒夯打坚实。卤井底要清除淤泥，加上石灰黏土混合土（最好用壳灰），使石灰与海黏土中的氯化镁及硫酸镁起作用，生成氢氧化镁和硫酸钙，以增加其固结性。也可将这些混合土抹在井壁上，晾干拍实。在施工时，如果原土质不好，有出泉现象，则在封底时不要一下就把全部底都封闭，应留出一小部分不填，作淘水之用，待井底其他部分做好后，再把这小部分底封上。

（2）黏土层防渗法

在矿壤土上挖修卤井时，为防止渗漏及涌泉，应选用黏土做防渗层，也可取白灰、粗砂、黏土按照 1:2:3 的比例，拌成三合土，做成 8 厘米厚的保护层。

（3）石砌卤井

石砌卤井的目的是防止井壁崩塌破裂而增大渗漏。石砌之前，卤井的防渗做好，然后砌石。一般如用加工过的石砖或石板砌筑的，建筑方法可以用火山灰水泥砂浆勾，浆砌坡比为 1:0.1 ~ 0.3。也可以用石砖不必勾缝，一个叠一个，结成阶梯式。这种砌筑的卤井既能抵挡风浪冲击井壁，防止崩塌，也可以减少维修，但成本较高。

9. 纳潮沟的修整

纳潮沟经过长时间使用后，海水中泥沙的沉淀和沟堐的坍塌使其淤塞。为了保持沟的一定深度与宽度，使海水顺利纳入，就必须定时加以挑浚。

纳潮沟的挑浚时间，一般应在春季解冻后，约在 3 月中旬开始，必要时秋季再挑浚一次，以专引秋潮。

纳潮沟要修浚到一定的深度与宽度，以保证海水供应为原则；坡度保持在 1:2，其他规格则要根据潮位、动力和需要海水量等而定。

10. 坨地的修整

坨地是存放海盐的地方。它分为两种：一种是滩下坨地，设置于每个海盐班组中。滩下坨地有大小之分，小坨地是指两边结晶池中间的一段道路，盐首先扒在这段道路上；大坨地设置于班组结晶区与排水沟之间的一块或多块地势较高处，能够存放 8 ~ 12 月的海盐产量，大坨地前面要设有交通道路，以便海盐运输。另一种是集中坨地，就是存放全场海盐的场地，这种场地建设标准高、存盐面积大，盐先在集中坨地上然后运往全国各地。

坨地的修整一般分两种情况，一种是有盐时的修整，一种是无盐时的修整。

（1）有盐时的修整

要经常对坨地进行检查，如有损坏应及时修补，尤其是雨季中的坨地维护保养更为重要。因为雨季中雨量较大，降水次数较多，而坨地的两边都是沟，非常容易因雨水冲刷而脱落泥土，造成坨地边缘破烂不堪。这种现象非常危险，如不及时维修则会形成较大面积的崩塌，将有大量盐损失。因此，经常或定期检查坨地是保护盐产品和坨地完好最有效的手段。

（2）无盐时的修整

坨地无盐时，正好是坨地整体维修的好时机。因坨地常年都有盐，无盐的时间较少，这时应用较淡些的卤水洗坨地，以化盐制卤为目的，把余盐化净后彻底清理坨地杂物，减少环境对盐的污染。停晾后进行找平压实工作，如果发现坨地有塌陷，必须滩外取土将塌陷处填充至够规格，并压实达到要求的密实度。碾压坨地时必须勤泼洒卤水，保持坨地湿度，严防尘土飞扬污染结晶池。当坨地压好后，最好薄薄地铺上一层不能上码的细盐沫或脏土盐，再用轧池机碾轧一遍，这样既保持了坨地土质的咸度，又防止起风时起土。

如果坨地边缘崩塌较严重，一定要在崩塌段或更长一段距离打桩护埝，而后再把崩塌处补齐夯实，必要时要用草袋装土护坡。

▲尖坨

（3）注意事项

无盐坨地一定要常泼卤水，保持坨地潮湿，免得刮风时起尘；坨地无盐时严禁存放杂物，以免存盐时清理不净而污染盐，增加盐中不溶物含量；大坨地存盐放出后，有凸凹的要整修理平，清理四边的杂草杂物，清理大坨沟，确保大坨地整洁，排水畅通。

四、"晒盐经"

天气的变化，对海盐纳潮、制卤、结晶、收盐和堆坨等生产环节有直接影响，它事关制盐的成败。因此，历代晒盐人都特别注重天气变化。

古时候缺少气象预报手段，"看天晒盐"是盐民每天的一项重要工作。即使是气象预报发达的今天，也具有不确定性，不能精确地预报某时某刻、某个具体区域的天气情况，"看天晒盐"仍是一项重要工作。只有掌握天气情况，才能提前应对，减少损失。一代又一代的晒盐人经过长期的探索与实践，总结和积淀了一套"晒盐经"，这套"晒盐经"方便、有效、易行，是大连制盐技艺的活教材，是实现多产盐、产好盐的"秘籍"，也是制盐技艺传承人的必修课。

1. 气象三字经

春天冷　秋天热　照常规　是雨节

白天暖　夜里寒　咱盐滩　要丰产

云吃雾　雨不住　雾吃云　晒葫芦

红云烧　乌云盖　大雨天　快来到
云往东　一场空　云往西　披雨衣
云往北　大雨来　云往南　天要干
光星闪　忽明暗　三天内　有雨天
先牛毛　没大雨　后牛毛　不晴天
朝烧红　不过午　过了午　有雨露
大雾露　不过晌　过了晌　大雨淌
西北天　电光闪　不多久　雷电见
东风雨　西风晴　北风来　冷冰冰
群蜻蜓　绕天空　三日内　雨蒙蒙
夜里风　夜里住　五更风　刮倒树
虹吃雨　下一滴　雨吃虹　下一丈
天长斑　不过三　过了三　半月干
先有闪　后有雷　雷阵雨　后边随
雨夹雪　不停歇　云咬云　雨淋淋
东闪雾　南闪旱　西北闪　雨水见
人变黄　有疾病　天变黄　有雨风
蛇过道　泥鳅跳　不用说　雨来到
南风云　过了三　不下雨　也阴天
春风刮　杨柳发　伏北风　有雨下
有朝霞　不出门　有晚霞　行千里
先气象　后措施　土和洋　都重视

2. 海盐生产十二月歌

一月小寒又大寒，冻结制卤好时间。

纳潮储水要抓紧，下养中甩上抽咸。

立春雨水二月天，化冰分水争时间。

先下后上抢蹚压，池板坚韧迎春灌。

三月惊蛰春分连，抢灌池子不拖延。

不续白水不晒盖，质量第一记心田。

清明谷雨四月天，产盐制卤齐向前。

认真推行新深长，废滩杂地不能闲。

五月立夏和小满，正是旺月夺高产。

老卤及时须卡撤，结晶管理是关键。

芒种夏至六月天，一年任务半年完。

旺季来过近雨期，天气异变保当先。

七月小暑大暑过，汛期来临进伏天。

防台防汛要主动，灵活机动抓产盐。

立秋处暑八月天，利用连晴去晒盐。

保好养好盐和卤，搞好防汛保安全。

白露秋分九月间，伏季已过转秋天。

拉开线路摆水铺，挑扶蹚压掌握全。

寒露霜降十月天，展开秋晒要抢先。

抓住风天多制卤，一场北风一茬盐。

立冬小雪十一月，秋晒结尾转季节。

空头卤库要留好，能养善保防雨雪。

大雪冬至一年完，冻结制卤好时间。

堵住寒潮产芒硝，备足卤水迎来年。

3. 潮汐歌

初一、十五，正晌满；

初八、二十三，正晌干；

初三水，十八汛；

二十四、五，两头堵；

二十二、三，蒙亮干；

七死，八活，九不退，初十赶海全白费。

4. 制盐的谚语

长晴纳潮头，雨后纳潮尾。

秋纳夜潮夏纳昼，抓住潮汐不能漏。

制卤平时紧，夜不漏，风中狠。

制卤有三要，全凭勤、细、靠。

缺度碴子要，量少风天找。

横穿斜跑，增度增量；是沟养卤，寸土不让。

卤是盐的娘，有卤才有盐。

爱卤如爱油，牢牢记心头。

春做骨头，秋做皮。

结晶管理七要：新、深、长、活、留、赶、气。

手把泵子眼观天，云彩缝里夺海盐。

119

一天见卤，两天见盐，三天盐卤双丰收。

晒盐有三害：老卤、白水和晒盖。

不怕连晴把盐晒，就怕阴天大揭盖。

杨树开花，盐工忘家。

天到五月节，旺季还有半月。

人勤滩不懒，人懒滩减产。

爱场如家，劳动光荣。

事在人为，人定胜天。

一年任务半年完。

5. 用风预测天气的谚语

春东风，雨祖宗。

东北风，雨太公。

春发东风连夜雨。

东风刮大，必有雨下。

东风不倒，别嫌雨小。

雨后生东风，未来雨更猛。

东风雨，北风开，再过三天又回来。

不刮东风天不下，不转西风天不晴。

一日东风三日雨，三日东风一场空。

东风雨，西风晴，北风起来冻死人。

连雨东风不晴天。

左转风，右转雨。

风在雨头，风起雨收。

风不雨中停，阴雨天难晴。

风静闷热，雷雨震烈。

夏日风吹猛，秋雨必集中。

六九连日刮，七九雪必大。

早刮三，夜刮四，不晌不夜刮一时。

大风不过午，过午刮破土。

6. 用云预测天气的谚语

朝看东南，夜看西北。

朝怕起，晚怕蹲。

天低有雨，天高旱。

乌云在东，有雨不凶。

天上钩钩云，地上雨淋淋。

上钩云，下钩雨。

天上扫帚云，三日雨淋淋。

鱼鳞天，不雨也风颠。

天有老龙斑，下雨不过三。

乌云接驾，不阴就下。

西北黑云长，雨雷震天响。

夏天乌云带红边，下雨必有冰雹块。

天上起了泡泡云，不过三日雨淋淋。

云乱翻，淋倒山。

乱云满天绞，风雨小不了。

7. 用日月星光预测天气的谚语

日晕雨，月晕风；晕口朝哪天，风就从哪来。

日晕三更雨，月晕午时风。

日落云里走，雨在半夜后。

日出胭脂红，无雨也有风。

太阳起风圈，明天要坏天。

月亮毛烘烘，不下雨就起风。

月亮生毛，大雨滔滔。

星星稀，晒死鸡；星星密，天不济。

星星眨眼，风雨不远。

星星跳跃，天气要坏。

朝看东南，晚看西北。

朝霞不出门，晚霞行千里。

早烧阴，晚烧晴。

早晨火烧天，定是无晴天。

烧红烧到顶，下雨下满井。

人黄有病，天黄有雨。

东虹雾露，西虹雨。

虹吃雨，下一指；雨吃虹，下一丈。

南珥分，北珥雨；双珥并肩，必是晴。

8. 用闪、雷、雾预测天气的谚语

雷轰天顶，虽雨不猛；雷轰天边，大雨连天。

雷轰在眼前，下雨短时间。

疾雷易晴，闷雷难晴。

雷声大，雨点稀。

打雷打闪一场空。

初伏雷声响，雨后有旱象。

久晴大雾阴，久阴大雾晴。

早晨雾露天，晌午晒干湾。

大雾不过晌，过晌雨水淌。

雾露午不晴，风雨当夜中。

南闪半天，北闪眼前。

闪打西天，雨水连连。

东闪雾，西闪雨。

东闪日头，西闪雨，南闪火门开，北闪有雨来。

先打闪，后打雷，大雨后边随。

雷公先唱歌，有雨也不多。

9. 用寒暖预测天气的谚语

热极生雨。

今天天气热得很，明天下雨靠得准。

午热两头凉，天气必正常。

春冷秋热，必是雨节。

伏秋天闷热，大雨在当夜。

春寒多雨，夏寒晴。

10. 用物象预测天气的谚语

咸水起泡，雷电来到。

池板冒水泡，阵雨将来到。

黄沫生池角，普雨不能小。

池角长黑边，必有连旱天。

水圈有臭气，次日定有雨。

锨把反潮气，连日有降雨。

西南海水响，降雨没有量。

卤虫聚一起，无风也有雨。

水苍蝇聚在池堰上，定有连阴天。

长翅膀蚂蚁飞到盐池边，连晴必旱天。

水鸡叫，雨来到。

海猫叫，潮来到。

海猫叫没好声，不下雨就刮风。

海鸥和鹳成群高飞，风雨随后追。

蚂蚁搬家蛇过道，雷雨不能小。

泥鳅在耍欢，降雨在后边。

甲鱼翻水动，无雨也有风。

雨中闻蝉叫，预告天晴到。

野外蜘蛛网，连旱天必长。

夏季降雨，多在夜里。

雨后雪花飘，很快天转好。

雪花变雪粒，降雪就一阵。

◀ 监测天气的气象百叶箱

▲大连盐化集团气象台

第五部分

大连制盐技艺的传承

一、大连制盐技艺的传承特征

大连制盐技艺传承人在漫长的制盐历史中有着自己的特殊经历，这种特殊经历决定了大连制盐技艺的传承只能是集体传承而非个人传承，其原因包括以下几个方面：

一是制盐行业的技术含量相对不高，很大程度上是靠天晒盐、看天吃饭的行业，人们掌握制盐技艺并不难。古时人们对盐的质量要求不高，只要经济能力允许，在海边围一块地，引水进滩就可晒盐，所以自古以来晒盐的人比较多。大连拥有 2 000 多千米的海岸线，历史上出现民间的制盐"滩户"不计其数，对制盐技艺的传承很难具体到某个家族或某个人。

二是从大连地区发现"天日晒盐"技艺到现在经历了新旧不同的制度，也经历了多国的殖民统治，使原本民间的制盐模式发生了变化。崔再尚在其撰写的被收录在《大连近代史研究》中的《日本对东北盐业资源的掠夺》一文中写道：日本统治大连期间，对大连盐田进行垄断式管理，强占大连盐田总面积的 92.2%，私人盐田仅占 7.8%。在中华人民共和国成立后，私人"滩户"大多收为国有，其余归当地政府集体所有，这就中断了家族式的传承。改革开放后，虽出现了一些私人"民滩"业主，但也不掌握世袭家族的制盐技艺，不具备传承制盐技艺的条件。

三是中华人民共和国成立后，大连地区在整合当地民间盐场的基础上组建了四家国有盐场，这四家国有盐场分别为：大连盐化集团（原大连复州湾盐场）、皮子窝化工厂、金州盐场和旅顺盐场。20世纪90年代以后，皮子窝化工厂、金州盐场和旅顺盐场相继倒闭，只有大连盐化集团至今还在从事海盐生产工作，继续传承着古老的制盐技艺。

二、对大连制盐技艺产生影响的代表人物

　　刘官，山东蓬莱鸭儿湾人，大连"天日晒盐"技艺创始人。据刘氏墓碑志记载，清雍正四年（1726 年）他因交不起地租被逼无奈，携两个儿子闯关东来到大连复州湾南海头。这年春天，他和两个儿子发现南海头有一片芦苇滩，退潮时芦苇滩三四处洼地里的海水，在风吹日晒的作用下出现了亮晶晶

▲天日晒盐

的东西，用舌头一尝，知道是盐。于是，他领着两个儿子把芦苇滩整平，并在四周筑起了滩坝，做成"盐田"，引海水到滩坝晒盐。实践证明，这个做法很成功，盐的产量增加了。这种制盐技艺是盐业历史上的一次革命，促进了大连盐业的发展，推动了社会进步，造福了黎民百姓。

李君材，原是商人，"天日晒盐"技艺具有实际影响力的代表性人物。据《复县志略》记载：清嘉庆十三年（1808 年），他"遇山东姜姓人，以善制盐名，乃携归复县（今瓦房店市），择拉脖子（今大连盐化集团辖区）创筑盐田，戽水晒盐，卓有成效。白家口一带（今复州湾街道辖区）亦多仿制"，至清道光二十八年（1848 年），制盐在整个复州湾地区形成规模，大连盐化集团就是在这个基础上建立起来的。后来，这种制盐技术又传到今瓦房店市的其他地区。清咸丰四年（1854 年），望海甸一带（今瓦房店市泡崖乡一带）建成盐田。清同治元

▲日伪时期的盐田和滩房

年（1862 年），羊官堡一带（今瓦房店市仙浴湾）出现了粗具规模的盐田。日本统治大连时期，日本人也效仿当地的制盐技艺。

孙春如，又名孙八仙。一百多年前，他靠晒盐发家，是复县（今瓦房店市）最大的晒盐滩主，辽南远近闻名的大户盐商，是"天日晒盐"技艺私人滩户的最大受益者。他在殷家沟（今大连盐化集团辖区）拥有盐田 125 付斗（1 付斗由 8 小块盐池子组成，每小块面积为 3 亩左右）、总晒盐面积约 3 000 亩的私人作坊，年产海盐 1.5 万余吨。与晒盐齐名的是他的"丰泰德"庄园，该庄园建于清光绪年间，是辽南最大的地主庄园，是大连市第三批重点保护建筑。

▲ "丰泰德"庄园遗址

厉焕策，1963年2月出生，毕业于大连盐业职工中等专业学校（原大连盐化学校）制盐专业。1980年9月入职大连盐化集团，从盐工做起，经过多年的勤学苦练，积累了大量制盐方面的经验和知识。2009年7月，厉焕策任大连盐化集团总经理，2016年5

▲ 厉焕策

月任该集团董事长，后又兼任党委书记至今，现为大连制盐技艺集体传承代表性人物之一。他将前人"平晒"滩改为"塑晒"滩、"小塑"滩改为"大塑"滩，在取得一定成果的基础上，他又结合大连地区的气象条件，从满足用户的需求出发，着眼于世界先进制盐理念，认真总结海水、卤水的蒸发浓缩规律、盐在卤水中的析出规律、晶体的形成和成长规律等，进一步优化了制盐工艺流程，找到了更为有利于海盐生产的现实途径。他抓住海盐生产滩田技术改造这个关键，从2008年始至2021年止，用13年时间把大连盐化集团所有盐田打造成集中纳潮、制卤、结晶、收盐、堆坨的生产模式，把过去只有春、秋两个旺季的海盐生产变为现在的不分淡旺季全年生产的模式；把过去传统工艺下的"晴天三五天扒一次盐""雨天'大揭盖'收盐"变为现在的一年收一次盐或按市场需求随时收盐；把过去用"回头卤"晒盐变为现在的运用"新、深、长、净"工艺晒盐，保证了海盐产量与质量的稳定性；把过去传统工艺下的人海战术晒盐、收盐变为现在的集约化晒盐、收盐，不仅大幅度提高了生产率、节

省了人工成本、增加了企业效益，还为推广和应用生产机械化、自动化和智能化创造了有利条件，将盐工从繁重的体力劳动中解放出来。在他的带领下，大连盐化集团不仅是全国闻名的海盐生产单位，还是全国生态海盐标准的制定单位。

第六部分

大连制盐技艺的保护与发展

一、大连制盐技艺的现状

（一）大连制盐技艺传承面临的不利局面

随着时间的推移，大连制盐技艺的发展现状令人担忧，技艺的传承面临许多不利局面。

一是盐田面积大幅减小。作为我国北方重点海盐产区，大连海盐生产的资源丰富，生产条件十分优越，是我国四大海盐产区之一，也是我国东北地区海盐生产基地。

大连地区利用滩涂晒制海盐的历史悠久，明清时期已由煮盐发展为晒盐，从事较大规模的海盐生产。大连地区盐田始建于1709年，20世纪50—70年代大面积扩建。到1998年，大连盐田总面积达到3.6万公顷，占全国盐田总面积的8.75%，海盐年产能195万吨，约占全国总产量的10%、辽宁省总产量的70%。其中，四大国有盐场（复州湾盐场、皮子窝化工厂、金州盐场、旅顺盐场）盐田总面积为2.8万公顷，海盐年产能达155万吨；44个乡镇盐场盐田总面积约为8 000公顷，海盐年产能近40万吨（其中瓦房店市乡镇盐场海盐总面积为7 000公顷，海盐年产能为35万吨）。盐业为大连市经济发展一度做出了较大贡献。

从20世纪90年代初开始，受全国海盐生产产大于销、供大于求的大环境影响以及海盐生产下游企业的波及，大连海盐生产经营出现了较大困难，效益逐年下滑。当时，大连盐业老盐田众多，技术装备水平较差，且年久失修，制盐企业没有能力投入资金进行盐田设备改造，因而大连盐业生产经营陷入了恶性循环，开启了长达10年的经营困难期。以1998年大连市国有盐场生产经营状况为例（见表6-1），四家国有盐场实现利润总额为-4 017万元，利税总额为-1 838万元，资产负债总额为84 238万元，资产负债率达56.52%。

表6-1　　　　　1998年大连市国有盐场生产经营状况

盐场名称	合计	金州盐场	旅顺盐场	皮子窝化工厂	复州湾盐场
资产负债总额 / 万元	84 238	18 129	6 710	22 890	36 509
资产负债率 /%	56.52	50.29	77.84	45.72	67.24
利润总额 / 万元	-4 017	4	-4 089	17	51
利税总额 / 万元	-1 838	362	-4 094	430	1 464

（大连盐化集团内部资料）

2003年，大连四家国有盐场中，旅顺盐场、金州盐场和皮子窝化工厂已经无法运营，相继破产关闭，只有复州湾盐场从濒临倒闭的绝境中走了出来。这时，大量的成熟盐田成了废弃盐田或改为工业用地和城市建设用地，如普兰店海湾工业区、花园口工业区、三十里堡工业区、松木岛化工园区等；还有一部分盐田退盐转养，被改成了海参、海虾养殖圈，如皮子窝化工厂。2008年，大连原四大国有盐场的盐田面积缩减至 1.75 万公顷，海盐年产能缩减至 93 万吨（见表 6-2）。

表 6-2　　　2008 年大连市国有盐场盐田面积及海盐产能情况

盐场名称	盐田面积 / 万公顷	海盐年产能 / 万吨
复州湾盐场	1.36	70
皮子窝化工厂	0.21	13
金州盐场	0.09	5
旅顺盐场	0.09	5
合计	1.75	93

（大连盐化集团内部资料）

　　2020 年，原金州盐场和旅顺盐场余下的的盐田全部改为他用。这些具有多年制盐历史、不可再生的成熟盐田自此消失了，大连制盐技艺的传承在这片区域失去了根基和载体，成了一代大连人心中磨灭不去的记忆。

　　二是现代化的制盐工艺逐步取代传统制盐技艺。大连的海盐生产主要承袭传统制盐技艺，如日晒蒸发水分、结晶析出氯化钠、排出苦卤[①]。大连的传统制盐技艺，一直是随着社会的发展和进步而不断地变革和创新。20 世纪 50—70 年代，大连各大国有盐场都在不断扩大海盐生产面积，同时加强生产技术研发、设备改造，使主要生产工序全部实现机械化；推行"越冬结晶""新、深、长、净"工艺，海盐生产由季节性产盐转变为一年四季产盐，不断增加海盐产量。20 世纪 80 年代起，大连盐区又开始大面积推行塑苦结晶新工艺、新技术，将结晶池由平晒改为塑料薄膜苦盖，保证了海盐的稳产、高产。2008 年以来，大连海

———————
①苦卤：制盐工业常用语，指晒盐后的母液。

盐生产采用了国际先进的"集中制卤、集中结晶、梯级开发、综合利用"制盐模式，对传统的盐田进一步升级改造。升级改造完成后的新盐田，改变了过去单一制盐的生产模式，实现了一水多用，即在制盐的同时，在初级制卤区养殖海参、海虾等海产品，在中级制卤区提取溴素、养殖丰年虫，利用制盐母液提取氯化钾、氯化镁等化工产品，最终实现卤水的零排放。这一生产模式使海水资源得到了综合应用，大连海盐产区成为国际先进、国内一流的海水资源综合利用示范区。

▲人力踩水车取水

大连海盐生产使用的抬筐、扁担、大耙、铁锨、石磙、水斗等传统手工工具陆续退出了历史舞台，四轮车、装盐机、尖坨机等机械设备也逐渐被更加先进的自动化设备所取代。但海盐生产技艺中的纳潮、制卤、结晶、收盐和堆坨等工序基本保留，没有发生大的改变。

大连制盐技艺

▲平盐碴

▲扒盐

▲抬筐装车

140

纵观国际、国内海水制盐的发展，智能化、自动化是大趋势和发展方向。近年来，大连海盐产区在盐田升级改造之后，也开始大力推行海盐生产智能化、自动化改造，并在许多领域取得了较大突破。随着改革的不断深入，原始制盐技艺所配套的生产器具陆续退出了历史舞台。另外，随着时间的流逝，掌握着传统制盐技艺的老盐工也相继离世，过去全凭经验和感观掌握并传承的传统制盐技艺将渐渐被人们所淡忘。新入职的青年盐工思想更加超前，他们崇尚的是现代企业智能化、整洁的工作环境。进入盐场工作的年轻人不会选择到制盐生产一线重复几代老盐工的艰苦劳动；已在制盐生产一线工作的人也少有为了传承制盐技艺甘愿吃苦、忍受寂寞的。所以，随着时间的推移，如不采取有效措施，大连制盐技艺的传承将面临后继乏人的境地。

三是大连乡镇盐场及个体民滩经营步履维艰。大连市乡镇盐场和个体民滩数量较多，整体规模也较大。据 1998 年统计，全市仅乡镇盐场就有 44 个，盐田面积占全市盐田总面积的 22.2%，海盐年产能占全市总产能的 20.5%。乡镇盐场主要集中在瓦房店市，瓦房店市的盐场拥有的盐田面积占全市乡镇盐场总面积的 87.5%、占全市盐田总面积的 19.4%，海盐

▲独轮车运盐

141

年产能占全市乡镇盐场总产能的 87.5%、占全市总产能的
17.9%。

　　虽然乡镇盐场整体生产规模较大，但与当地的国有盐
场相比，这些小盐场个体生产规模普遍较小，生产装备落后，
技术水平较低，且一直处于分散经营、各自为战、相互竞
争的状态，海盐产量不稳，质量较低，缺乏市场竞争力和
抗风险能力。还有的小盐场因长期经营困难、效益较差，
主动将盐田改成了养殖圈，退盐转养。2008 年，瓦房店市
乡镇盐场及个体民滩共有 45 家，盐田总面积比 1998 年瓦
房店市乡镇盐场的盐田面积减小了 2 600 公顷，海盐年产
能减少了 3 万吨。从以上数据来看，大连市乡镇盐场及个
体民滩 10 年间减少的盐田面积较大，随着时间的推移，这
个数字还在不断扩大。处在这样的一个生存环境中，每一
家小盐场的经营者都会把企业生存放在第一位。所以，这
些小盐场在日常生产经营过程中是能省则省，即便效益较
好，也难以主动投入资金研发技术和改造设备。在技术进步、
生产作业条件改善等方面，小盐场一直落后于国有盐场，
工人的工资收入、社保待遇和安全保障等方面也比国有盐
场差了很多，致使这些小盐场人员流动非常大，没有发展
后劲。

（二）大连制盐技艺的现状

大连制盐技艺,是大连地区一代又一代制盐人认识自然、利用自然的智慧结晶，也是他们对传统制盐技艺不断创新、不断传承的结果。特别是在科技日益进步、盐田被工业发展大量占用的今天，做好大连制盐技艺的保护意义重大。

一是将海盐文化旅游资源开发与大连制盐技艺有机结合。近年来，为了弘扬大连海盐文化，打造了多个标志性的

▲天日晒盐法展示

▲古法制盐工艺体验

▲国家工业旅游示范基地

143

文化载体。2017年，建成了国内首座以"海盐"为主题特色的全新工业旅游项目——海盐世界公园（简称公园），公园占地面积近5万平方米。公园内设历史文化遗产展示、古法制盐工艺体验、康体保健理疗、自然景观欣赏等项目，是国家工业旅游示范基地、大连市科普基地和大连市研学旅行基地。公园年接待游客2.5万人次左右，接待研学人员1 000余人次，累计接待国家及省市级各类新闻媒体150余人次。公园先后举办了海盐文化节，全国摄影家、书法家、画家、文学家创作活动，大连市绿色食品一、二、三产业融合发展园区创建成果暨品牌推广启动仪式等，坚持以"盐"为媒向游客讲好"大连海盐历史""大连盐工风貌""大连食盐品牌""大连海盐文化"等方面的故事。

二是建成了大连海盐文化传播中心和海盐历史文化馆。大连海盐文化传播中心，馆内面积为520余平方米，利用现代声光电技术向游客展示制盐历史、制盐工艺、食盐品系、

▲大连海盐文化传播中心

▲海盐生产运输工具展示区

盐雕艺术、制盐工具及设备模型等。海盐历史文化馆，馆内面积为 477 平方米，以文字、图片、绘画、雕塑、实物等形式，主要讲述盐与战争、经济、文化、风俗、宗教有关的故事，以及煮海为盐、天日晒盐、建场史话、历史遗迹、红色革命等方面的故事。海盐历史文化馆既是一个了解盐的地位、历史、功能的科普教育基地，又是一个红色传统教育基地。这些载体的打造和文化的传播，扩大了大连海盐的影响力，对大连制盐技艺的挖掘、保护和传承，既有重要的现实意义，又有深远的历史意义。

三是传统工艺绿色制盐引领消费。利用古法制盐的盐田，采用大连传统制盐技艺生产的日晒盐一经推出，便受到市场及消费者的欢迎，现年平均产销量达 500 吨，打造的海盐品牌获"第十九届中国绿色食品博览会金奖""2019—2020 年度央视展播品牌"，成为大连市民了解大连传统制盐技艺的一个新渠道。

▲第十九届中国绿色食品博览会金奖

▲ 2019—2020 年度央视展播品牌

　　四是采取"沉下去"和"请上来"的方式，挖掘、传承、保护大连制盐技艺，对相关人员进行业务培训和政策培训。坚持把非遗传承保护工作与非遗宣传结合起来。近年来，先后举办了"海盐文化节"、全国摄影书画家"线上线下海盐作品创作"、"海盐文化院校名家访谈"、"全市小学生古诗词决赛——盐场行"活动与"大连市中小学生盐场研学"等活动，扩大了宣传面，提高了大连制盐技艺的影响力。

二、大连制盐技艺保护与发展计划

随着时代的发展和科技的进步，传统的制盐技艺正在面临着失传的风险。为使传统大连制盐技艺得到良好传承，我们制订并落实了详细而有效的保护与发展计划。

一是组织经验丰富的制盐技师和专家，对传统大连制盐技艺进行系统整理，编辑成册。

二是搜集、整理、制作大连传统制盐技艺的音像资料，建立大连海盐文化资料库。

三是调整海盐历史博物馆的馆内布局，增设传统大连制盐技艺展示区。

四是在大连盐化集团的盐田内，建立传统大连制盐技艺保护区。

五是建立盐工培训基地和培训制度，将传统大连制盐技艺作为盐工入职培训的主要内容，确保传统大连制盐技艺的传承后继有人。

后 记

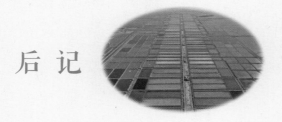

　　人每天离不开盐，但很少有人关注盐、研究盐。其实盐的学问有很多，比如什么是盐，盐是怎么来的，人为什么要吃盐，盐的地位和作用如何等。有鉴于此，本书向读者科普海盐的相关知识，让读者进一步了解海盐的由来、地位、作用、工艺流程和文化典故。《大连制盐技艺》一书的编纂，是一项既严谨又复杂的工作。在此感谢大连盐化集团，特别是集团党委书记、董事长厉焕策的大力支持。同时，也向大连制盐技艺的传承人及致力于技艺传承保护的工作者们表示感谢。

　　在图书编纂过程中，参与撰稿的同志能够克服各种困难，从历史文献、相关著作中搜集资料，通过走访调查挖掘口碑资料，潜心编写、反复修改。可以说，这本书的出版是集体智慧的结晶。

　　由于制盐历史久远，古代文献对盐的记载不多，加上受时间和编者能力所限，本书难免挂一漏万，诚望专家、读者不吝赐教，批评指正。

编 者

2022 年 6 月